En búsqueda de
las mejores variedades de abejas

Basado en resultados de los estudios realizados
sobre razas y cruces.

Northern Bee Books

Hermano Adam

En búsqueda de
las mejores variedades de abejas

Basado en resultados de los estudios realizados
sobre razas y cruces.

Traducción de Mattia Ferramosca

Northern Bee Books

Hermano Adam.
En búsqueda de las mejores variedades de abejas
Título original:
In search of the best strains of bees (1968-1983)
Copyright © 2022, Northern Bee Books, Hebden Bridge, GB
ISBN 978-1-914934-43-8
Edición número 1

Traducción de Mattia Ferramosca

ÍNDICE

Parte segunda
EVALUACIÓN DE LAS RAZAS Y DE LOS CRUCES

Introducción
El monje en búsqueda de la abeja perdida

Las abejas, de la misma forma que muchos organismos que viven en la tierra y en los océanos, hoy en día sufren por muy distintas razones. Sin embargo, cuando hace más de cincuenta años algunos alertaban sobre esto, como fue el caso de Rudolf Steiner, el Abad Warré o Hermano Adam, poca gente tomó en serio sus palabras. Cierto es que en aquella época la situación no era tan dramática y el sufrimiento de las abejas no era tan evidente, pero como era propio en aquellos tiempos, y quizás un poco antes, tal y como podemos observar en una obra teatral ("La soledad de la abeja", Yo Yo Mundi con Andrea Pierdicca), se sentaron las bases de una agricultura (y una apicultura) intensiva que no consideraba los límites de sostenibilidad del sistema natural y de los organismos que los constituyen. Hoy en día estamos obligados a dar un paso atrás, porque para todos nosotros esto ha vuelto a convertirse quizás en una cuestión mucho más importante, junto con las crisis energéticas, las guerras, las epidemias y el alcance de los límites de explotación.

Hoy en día se habla de que las subespecies de abejas están cruzadas unas con otras y que estos nobles insectos, a menudo frágiles, son atacados desde varios frentes. En muchas ocasiones en los medios de comunicación y en otras circunstancias también la abeja ha adquirido un rol de protagonista, que lucha en primera línea contra muchos enemigos.

Así pues, si no queremos despistarnos, si queremos encontrar razones profundas para contrastar y frenar estos problemas, es quizás el momento de dar ese paso atrás, e intentar y reconquistar una visión de conjunto. Este libro nos ofrece una ocasión única, porque nos lleva a una época en la que las cosas eran distintas; nos reconcilia con el discurso de las subespecies del hábitat y el trabajo del apicultor. "Escuchar a las abejas", decía Hermano Adam: a nosotros, que nos hemos vuelto un poco sordos, para entenderlas convendrá, una vez más, prestarle oído a él.

Los relatos de Hermano Adam forman parte del diario, razonado y apasionado, de sus largas investigaciones desarrolladas siguiendo la directriz de un ambicioso proyecto, jamás abordado antes por científicos o instituciones, para realizar lo que hoy se definiría como un mapeo de las subespecies y variedades de abejas en sus lugares de origen. El monje-estudioso era bien consciente de la importancia de su hito, y lo declaraba con la usual firmeza y humildad en distintos momentos, por ejemplo, cuando afirmaba: "parece ser bastante sorprendente que hasta ahora nadie haya ni siquiera comenzado una investigación completa de los estudios de la abeja melífera de la Península Ibérica. He subrayado ya que puede haber muy pocas dudas sobre el hecho de que de esta cepa haya surgido el origen de todas las razas oscuras de *Apis mellifera,* y que la abeja ibérica ha descendido a su vez desde la telana (confer. abajo, p.115).

Por cuanto su proyecto haya quedado incompleto, con el paso de los años Hermano Adam consiguió visitar gran parte de los países de procedencia de las principales subespecies de *Apis mellifera.* Además de recibir y enviar toda una serie de muestras para los análisis científicos, en sus relatos graba, etapa tras etapa, sus propios traslados, describiendo las razas que encuentra y la particularidad de los lugares. Observando estos últimos con los ojos de las abejas, describe la vegetación nectarífera, las floraciones y los valles, los bosques, los espejos de agua y los desiertos. Año tras año, desde 1.950 hasta 1.972, nos invita a recorrer aquello que para nosotros ha vuelto a ser un viaje a una geografía perdida, con paisajes y estilos de vida de aspecto arcaico, atávico, anterior a los grandes cambios que los han transformado en aquello que hoy en día representan; el Nilo (presa de Asuán), el Líbano y - Yugoslavia antes de sus respectivas guerras, la Antalya y Creta sin el turismo de masas, solamente por mencionar algunos ejemplos.

Junto a él, nos asomamos sobre un Mediterráneo con tramos duros y sin comodidades, pero al mismo tiempo ancestral, sin autovía, fronteras, armadas o campos de refugiados: poblado, solamente para nosotros y él mismo, de flores, plantas melíferas, abejas y apicultores sonrientes. De la *avispa velutina,* neonicotinoides, varroa y similar, ni siquiera la sombra.

En sus peregrinaciones el monje investigador encuentra científicos y funcionarios locales, a menudo atentos a las riquezas que la apicultura puede representar, funcionarios agrícolas y apicultores más o menos aburguesados e ilustres.

Como telón de fondo en los viajes, encontramos al mismo tiempo una época de gran transformación política y cultural. Países todavía atrasados, como Marruecos y Egipto, sin hablar de aquellos más cerca o cerquísima, inmersos en la modernidad: el ojo agudo de Hermano Adam observa atentamente instituciones, orden social y agrícola, red de transportes y perspectiva de desarrollo.

Lo que esta lectura nos ofrece es también una mirada global de la apicultura de aquellos años, de las metodologías y de la herramienta en uso, observados no a través datos estadísticos, que también Hermano Adam ama y comenta con gusto, sino a través del encuentro con abejas y personas vivas y operantes, con métodos y problemas específicos.

La narración de Hermano Adam se mueve sobre la línea del antes y el después: cuenta y documenta la realidad de la apicultura primitiva cuando todavía no estaba desnaturalizada y derrotada por la apicultura moderna.

Junto a las diferentes razas de abejas, el lector aprende los distintos métodos, conoce las colmenas y sistemas en uso en los distintos países, pasando las páginas de una especie de enciclopedia de la apicultura étnica, escrito en el momento en el cual, a principios de la actual globalización, las subespecies aún eran razonablemente distinguibles – si no del todo únicas. Un relato de interés, no solo para el apicultor sino también para el naturalista.

La segunda parte del volumen integra las investigaciones a pie de campo con los resultados de las observaciones desarrollados en las cepas introducidas y criadas en los apiarios Buckfast, completando el examen visual con el análisis de los datos obtenidos durante años sobre el curso de las colonias y relativa a la producción, sobre cruces y evolución de las características propias. Viajes y estudios que tenían lugar en los años del descubrimiento de la doble hélice de Watson y Crick, cuando se comenzaba a descifrar el código genético. Hoy en día quizá pueda parecer sorprendente que él llegase a sus válidas conclusiones solamente sobre la base de la observación. Raza por raza, el Hermano Adam compara y anota, exprime sus propios comentarios, sus personales antipatías y simpatías del apicultor, su pasión, como por ejemplo sobre el opérculo perfecto o la problemática relacionada a la cosecha tardía del Brezo (*Calluna vulgaris*).

Como se ha mencionado, en los relatos de Hermano Adam, éste denuncia continuamente la mezcla de las razas producidas por las importaciones y el nomadismo (como por ejemplo en Macedonia) y la consecuente pérdida de la gran riqueza genética hoy en día llamada biodiversidad. Supo comprender perfectamente los acontecimientos que ocurrían y, como es natural para el verdadero amante de la naturaleza, intervenía en favor de la conservación de las razas puras (ver la conferencia en El Cairo). Quizás nos cueste algo de esfuerzo solapar esta problemática con la del uso comercial de los cruces, que él mismo proponía para la mejora del rendimiento y resistencia: tenía el optimismo del investigador, y estaba convencido de que era posible dominar los procesos de las intervenciones de la naturaleza y más bien beneficiarse (el "cómo conseguirlo" lo trata en su libro *La selección de las abejas*"). Pero hoy – al cumplirse 26 años de su fallecimiento – creo que nadie querrá poner en duda la honestidad de sus ideas.

Siempre en movimiento, sin perder nunca una jornada y tampoco una hora, nos trasladamos con él en todos los medios a disposición de aquel momento – aéreo, piróscafo, Mercedes, Jeep, andando o encima de un burro cuando era necesario; mano a mano avanzamos en nuestra lectura y el intrépido monje se encuentra en muchas situaciones distintas, desde aluviones, guerras por confines territoriales, caminos perdidos, travesías en barcos repletos de personas y destartalados…de vez en cuando se quejaba , claro, sobre todo cuando no le quedaba más remedio que desistir.

Es difícil no idealizar a este hombre, y no ver a Hermano Adam como una especie de "Indiana Jones de las abejas", que recorre de una punta a la otra el Mediterráneo para perseguir a la abeja perdida. Quien ha tenido la suerte de ver el célebre documental (titulado "The Monk and the Honeybee" de David Taylor), sin lugar a dudas se lo recuerda en las pendientes del Kilimanjaro parecido a un explorador del siglo XIX.

Mientras costeaba un lago del Altiplano en Anatolia, explotó una cubierta y el vehículo salió de la carretera terminando así al final del valle después de unas cuantas vueltas. Nada grave para el monje, que una vez sacudido el polvo de su sotana recomienza su camino a toda prisa sin perder el tiempo. En Salónica, mientras esperaba que le arreglasen el coche, aprovechaba el tiempo con pequeños viajes fuera de programa visitando algunas importantes islas del Egeo que se había visto obligado a excluir en su anterior viaje. Compartimos con él la curiosidad, el entusiasmo del descubrimiento, el razonamiento y la obstinación del explorador.

A pesar de su temperamento e inquietud imparable, de vez en cuando se queda describiendo las interminables extensiones de flores (por ejemplo, en Marruecos o en los Altiplanos del Líbano). Es fácil imaginarlo en aquellos momentos de paradisíacas visiones y convencerse, de alguna manera, de que él mismo se percibía o creyera haberse vuelto- en todo y por todo – una abeja.

Nota del texto

El relato, como explica Hermano Adam en su propia presentación, recoge en el orden cronológico los viajes y artículos publicados en revistas en momentos diferentes (para una bibliografía completa es interesante recurrir a la página web: *https://perso.unamur. be/~jvandyck/homage/elver/pedgr/ped_BA_1931.html*). Las notas explicativas que al comienzo de cada informe hablan de Hermano Adam en tercera persona, sin indicación alguna del autor, se han transcrito en cursivo.

El término *strain*, que se repite en el título del libro original en referencia a la biología, indica (según el vocabulario Picchi-Hoepli): *cepa, tipo, variedad, calidad.* Se ha traducido como "variedad" prestando más atención al término común que al término científico y en muchas ocasiones el termino subespecie se alterna con el término raza. En lugar de utilizar la palabra *"primitiva",* en referencia a las colmenas o apiarios, he preferido utilizar la palabra *"tradicional"* respetando más las culturas locales.

Presentación del Prof. Ruttner

En los últimos años, Hermano Adam ha ofrecido un aporte determinante al proceso de la selección de las abejas. Su método de crianza, el cual debe su éxito, no solamente al conocimiento que Hermano Adam posee de la abeja sino también a su notable capacidad de organización y a sus competencias técnicas, ha empujado a los apicultores de varios países a abandonar manejos antiguos y a buscar nuevos enfoques a su propio trabajo.

Al comenzar su actividad como apicultor, Hermano Adam en seguida se dio cuenta de que, de igual manera que las otras formas de vida, también en las abejas había diferencias marcadas de distintos orígenes-y, utilizando la selección, era posible conseguir resultados de notable valor económico. De joven, cuando aún no tenía mucha experiencia, sufrió graves pérdidas en sus colonias a causa de una epidemia, y para remediar este hecho desarrolló la abeja Buckfast, obtenida inicialmente gracias a cruces con la abeja italiana. Esta experiencia dejó en él una impresión duradera. No satisfecho con este éxito, empezó a dar pasos adelante. Su búsqueda del material genético para alcanzar la selección de la abeja "perfecta" lo empujó a viajar por muchos países de Europa y el Mediterráneo, recogiendo abejas reinas y muestras de abejas en cualquier lugar que pisó, anotando con un ojo experto la peculiaridad de la apicultura desarrollada entre diferentes países. Realmente es un placer leer estos informes de sus viajes, y hay que subrayar - no eran de puro placer, sino de absolutas pruebas de resistencia. El trabajo sobre el material científico recogido aún debe ser llevado al término, pero promete marcar un importante paso adelante para ampliar y reconducir nuestros conocimientos sobre las subespecies de abejas.

Actualmente Hermano Adam pone a nuestra disposición un tesoro de conocimiento, adquirido desde la observación directa sobre las diferentes razas de abejas, el cual nadie más posee. Está en disposición de afirmar, hablando en general, que muchos cruces (¡obviamente no todos!) son superiores; que los cruces recíprocos tienen éxitos variables; y que muchas razas presentan su verdadero valor solamente cuando son cruzadas. Los experimentos que condujo durante años con los diferentes cruces son de un valor inestimable para el futuro de la selección. Y cuando su evaluación choca frontalmente con la experiencia de otros, es el momento de prestar atención. Lo que es evidente es que la abeja está íntimamente vinculada a su medio, y respecto a esto no puede existir una evaluación absoluta, solamente es posible realizar una observación de las distintas condiciones determinantes. El uso de híbridos creados con abejas de razas diferentes, descrito por Hermano Adam sobre sus resultados y éxitos como herramienta para una mayor producción de miel, deja una puerta abierta para su estudio y desarrollo futuro.

Queda por hacer mucho trabajo, pero cualquiera que se aventure en el futuro por este camino tendrá que hacerlo a partir de las experiencias de Hermano Adam.

Este libro es una fuente de información para todo apicultor que esté interesado en la selección, y uno de los libros más fascinantes que reúne viajes de un aficionado de la apicultura. Sin lugar a dudas, en la literatura apícola de hoy en día ocupará una posición preeminente.

F. Ruttner
Instituto de investigaciones apícolas de Oberursel
(Institut für Bienenkunde), Alemania
Pascua 1.966

Prefacio del autor en la primera edición

A partir de la publicación del relato de mi último viaje en busca de material para la selección, se me ha pedido constantemente publicar la serie completa de informes recopilados en un libro. Soy consciente de que estos relatos se ocupan de un aspecto de la apicultura, tanto desde el punto de vista práctico como científico, que en la literatura apícola moderna no había recibido anteriormente la debida atención. Por eso, ahora tengo la ocasión de responder a estas solicitudes.

Los objetivos de esta investigación y la planificación de este programa fueron elegidos y fijados en 1.948. El primer viaje se llevó a cabo en la primavera de 1.950, mientras que el último terminó poco antes de la Navidad de 1.962. Los relatos de estos viajes se publicaron primero en inglés, en el *Bee World* y luego, en la traducción alemana, en el *Südwestdeutscher Imker*, luego en francés en *La Belgique Apicole*. La publicación en forma de libro la hará disponible a un abanico de lectores más amplio. La sesión suplementaria, que ofrece los resultados de nuestras evaluaciones sobre las distintas razas, constituye parte integral de la investigación.

En las notas que introducían el primer relato indicaba las razones y el complejo objetivo de estos viajes de investigación. Pronto entendí que para algunos el objetivo de mi logro no había sido comprendido. Creyeron que yo mismo estaba buscando a la abeja "perfecta", una raza especial de abeja que aplastase a todas las demás en su combinación de características de valor económico, y particularmente sobre su posible producción de miel. Una búsqueda así habría sido naturalmente un hito sin resultados, porque la naturaleza nunca selecciona buscando la perfección de aquellos factores que nosotros deseamos para nuestros objetivos económicos. El objetivo de la naturaleza es casi exclusivamente la conservación y multiplicación de un tipo. Fiel a este objetivo, seleccioné entre precisos límites, para producir la mejor adaptación posible a las condiciones ambientales prevalentes. Todo esto ha dejado en herencia un número sin duda considerable de tipos y subespecies de abejas, de diferente valor. Como veremos, cada raza de abeja tiene sus características definitivas, sus rasgos, buenos y malos, pero en todo caso diversamente acentuados y correlacionados unos con los otros. En la apicultura moderna, la finalidad de la selección es acertar en cuál de las subespecies tiene el mayor valor para los objetivos de la selección y, una vez recogidos, unir las razas, someterlas a exámenes y obtener, con el cruce selectivo, las mejores características para extraer nuevos tipos. La realización de estas prometedoras posibilidades es el único fin que me he impuesto.

En contraste con las afirmaciones a menudo injustificadas y las teorías sin fundamento que la opinión actual difunde sobre las distintas subespecies y sus propios caracteres hereditarios, estos viajes e investigaciones nos ofrecen, no solamente unas evaluaciones sobre las distintas razas, sino una cantidad de informaciones fiables, y una especie de panorámica sobre la interdependencia de precisos grupos de razas. Es increíble observar cómo a menudo las informaciones sobre una u otra subespecie, sacada en gran parte a partir de las informaciones de otros, son del todo opuestas a la realidad de los hechos.

Definitivamente es una pena que los datos biométricos de las muestras que he recogido en estos viajes no están todavía disponibles. Sin embargo, mi evaluación sobre una raza no se apoya tanto en las características externas sino más bien en las características arraigadas de manera permanente, de las cuales depende el verdadero valor de los análisis finales. Respecto a esto, la teoría sobre los orígenes de las razas primitivas o sobre la evolución de la abeja melífera, difícilmente tienen consecuencia sobre el tema aquí tratado.

Estos viajes me han ofrecido también la posibilidad de adquirir un buen conocimiento de los tipos de colmenas aun tradicionalmente en uso. No hay duda de que en un futuro próximo este tipo de apicultura será un recuerdo del pasado. En la selección de las fotografías que aparecen en este libro me he limitado casi exclusivamente a documentar estas formas de apicultura antigua, en parte para transmitir memorias acerca de cómo ésta era practicada, en parte por razones históricas, porque las formas y dimensiones de estas colmenas, a menudo eran utilizadas incluso antes de la época documentada, y nos ofrecen un punto de observación sobre el cual podemos hacernos una idea del tipo de condiciones en las que las subespecies de abejas se han desarrollado.

El éxito, en los viajes de este tipo, depende tanto de la constante ayuda y de la cooperación de las autoridades competentes, como también de la generosa asistencia ofrecida de un gran número de personas. Es pues para mí un gran placer poder expresar toda mi gratitud a la gente que me ha asistido en muy diversas formas. Desafortunadamente, no puedo enumerar aquí a todas las personas por nombre, y tendría que citar entes e instituciones que me han ofrecido su ayuda. Y además de esto, tendría que mencionar un determinado número de personas cuya amistad se ha demostrado determinante en varias ocasiones y no están presente entre nosotros desde hace tiempo.

Al primero entre ellos que quiero recordar es el ministro de agricultura inglés, sin cuyo soporte estos viajes no habrían sido posibles. También los Ministerios de agricultura en Egipto (sin olvidar la Universidad de El Cairo), de Israel, Grecia, Portugal, España, Turquía, y por último E.E.U.U, por su cortesía realmente especial. Mi agradecimiento va también a los funcionarios de estos ministerios que se han puesto a mi servicio generosamente, y han tenido que compartir conmigo severidad y riesgos durante los viajes.

Para terminar, no puedo perder la ocasión de expresar una palabra de estima por mi abad, Rev. Placid Hooper y su predecesor el abad Bruno Fehrenbacher, fallecido en 1.965. Solamente gracias a sus comprensiones y a su interés este logro ha sido posible.

Hermano Adam
Monje Benedictino de la Abadía de Buckfast, Devon, Inglaterra
Pascua 1.966

Prefacio del autor en la segunda edición

Desde la publicación de la primera edición de este libro han transcurrido dieciséis años. Mientras tanto han salido muchas posteriores informaciones de gran valor que han ampliado nuestro conocimiento sobre las razas de abejas.

He sido capaz de llevar a cabo otros tres viajes, - en junio de 1.972 por Asia Menor, en abril-mayo de 1.976 por Marruecos y el Sáhara, y por último, en julio de 1.977 en Grecia. Los primeros viajes y las observaciones comparativas efectuadas durante la selección de las variedades recogidas anteriormente me habían indicado dónde se podrían encontrar las mejores variedades en los distintos países. Estos viajes posteriores me han ofrecido también la posibilidad de visitar regiones que, por dificultades de carácter político o por falta de tiempo, he tenido que abandonar.

En el relato conclusivo de 1.962 subrayé que el objetivo que se me impuso no estaba aún acabado, y que no había perspectiva de llegar a una conclusión satisfactoria. En algunos aspectos, hoy en día sigue teniendo validez, porque sigue-habiendo vastas regiones – en particular en África hacia el Sur del Sáhara – en las cuales existen muchas subespecies de Apis melífera de las que hoy en día tenemos poca o ninguna noción sobre sus específicas características, que podrían tener un valor económico o ser de alguna utilidad para la selección. Todos los indicios señalan que estas razas son dotadas de potencialidad genética de un tipo que no ha sido individuado en otro lugar.

Era del todo consciente de que no habría podido comenzar estos últimos viajes de mi iniciativa como hice anteriormente. Gracias a la generosidad de F. Fehrenbach, de Ravensburg, en Alemania, se me abrió la posibilidad de empezar estos ulteriores viajes. No solamente me puso a disposición su coche, sino que se echó encima la mayor carga de responsabilidad que dichos viajes llevaban consigo. El doctor J. F. Corr, de Belfast, nos ofreció su apoyo en todos los viajes realizados a partir de 1.962, y sin su inestimable ayuda, seguramente, no los hubiéramos sacado adelante.

El profesor A. Kirn, de Reutlingen, en Alemania, nos asistió durante la búsqueda en Asia Menor, y la señora y el señor Köster, de Castrop-Rauxel, en el viaje de Grecia. Con todas estas personas – y sobre todo con el señor Fehrenbach – tengo una eterna deuda de gratitud. Estos viajes, a menudo, han sido extremadamente fatigosos y arriesgados, y han requerido en todo momento mucha colaboración y abnegación.

La primera edición de este libro se terminó en un plazo de tiempo sorprendentemente corto, y desde todas las partes del mundo me han llegado peticiones de una segunda reimpresión del libro. Consideré necesario todavía retrasarla hasta que pudiese incluir los resultados de los últimos viajes suplementarios. La edición presente contiene toda la información suplementaria, y puede ser considerada como una relación actualizada de nuestros conocimientos sobre las subespecies de abejas que tienen su hábitat en los países de alrededor del Mediterráneo.

Hermano Adam
primavera de 1.982

Primera Parte

LOS VIAJES

Extensión de la búsqueda

Mapa de los países visitados

Mapa del mediterráneo

El autor de este libro, Hermano Adam, se ha dedicado a la cría de abejas en Buckfast desde 1.915. La abadía posee 320 colonias para la producción de miel y alrededor de 500 núcleos para la cría de abejas reinas. Estos núcleos están colocados en una localidad apartada, en el corazón de los brezales de Dartmoor, aislados de otras abejas de manera que se asegurara el apareamiento de las reinas solamente con zánganos seleccionados. Esta estación para las fecundaciones sigue en uso sin interrumpirse desde 1.925. Para algunos cruces especiales se utiliza un apiario en aislamiento suplementario, con la debida distancia respecto a la estación de fecundaciones principal. Los numerosos experimentos de apareamiento selectivo que se han efectuado desde 1.925, y que son la razón de ser de este logro, no hubieran sido posibles sin estos colmenares.

Observando las necesidades a largo plazo de la apicultura moderna y su desarrollo, el Hermano Adam, entre 1.950 y 1.962 inició diferentes viajes para indagar sobre la precisa distribución de las diferentes razas de abejas, así como para recoger muestras de las diferentes variedades localizadas en el interior de estas subespecies.

A lo largo de este hito su investigación lo llevó, no solamente a los principales centros apícolas de Europa – Francia, Alemania, Suiza y Austria – sino también a los países limítrofes del Mediterráneo – Los Balcanes, Italia y Península Ibérica, Asia Menor, el Levante, Egipto, el Norte de África, Chipre, Creta, Sicilia y las Islas del Egeo. Durante estos viajes ha recorrido alrededor de 28.000 millas de carretera, 7.800 por mar y 4.760 en avión. El mapa pone a disposición una idea de los países visitados y de las distancias recorridas. El proyecto completo ha sido financiado por parte de la Abadía.

Objetivo y finalidad de este trabajo

Desde el descubrimiento de la colmena moderna ha pasado exactamente un siglo. Con la introducción de la colmena con panal movible, en 1.850, se - dio comienzo a la apicultura moderna. La sucesiva innovación se puso de relieve pocos años después, cuando, el 9 de julio de 1.859, el primer contingente de reinas italianas alcanzó el Reino Unido.

En la cultura apícola se han dado pasos enormes – en la técnica de la gestión de las abejas, en la fabricación de las colmenas, en las herramientas relacionadas y en las máquinas utilizadas para la producción y elaboración de la miel. Esta gradual evolución ha durado alrededor de un centenar de años. El perfeccionamiento de los equipos y herramientas para el desarrollo de la apicultura moderna puede considerarse hoy día un capítulo terminado. Es imposible ya contar con mejoras tan radicales. Aquellos descubrimientos o avances que nos esperan en el futuro vendrán desde distintas direcciones. En la propia abeja misma podemos progresar de una forma más profunda y sustancial – un tipo de progreso que se demostrará así revolucionario, tal y como lo es el gran desarrollo técnico y mecánico que ha tenido lugar en la cultura apícola en los últimos cien años, y quizás más todavía.

Dejando a un lado la innovación de la colmena con panal movible, la llegada de reinas italianas en 1.859 se ha revelado sin lugar a dudas como el factor más importante para el progreso de la apicultura moderna. En 1.880 D.A. Jones, un canadiense, y en 1.882 Frank Benton, estadounidense, visitaron el Medio Oriente para indagar sobre el valor de las razas indígenas que se encuentran en aquella parte del mundo. Aunque vinieron importadas reinas de Chipre y de Siria, sus esfuerzos por encontrar subespecies superiores a la italiana estaban destinados al fracaso. Aunque las razas del Medio Oriente no encontraron nunca estimadores, dado que no estaban en grado de competir contra la imponente popularidad de la italiana, éstas constituyen un patrimonio inestimable para la selección de variedades mejores o para formar nuevos cruces de abejas.

En Inglaterra no se ha efectuado nunca ningún esfuerzo para mejorar a la abeja. Hay un gran interés por cualquier innovación, sobre todo la que está relacionada con la gestión, la fabricación de las colmenas, las máquinas y las herramientas, pero la cuestión infinitamente más importante, la mejora de la abeja misma, parece no suscitar ningún interés real. El panorama de la actual situación económica puede derivar como consecuencia para los apicultores en una extrema necesidad de mejorar la abeja. Los aspectos secundarios de la apicultura, como el manejo del crecimiento primaveral, el control de la enjambrazón, etc., se verán entonces relegados a un rango de menor importancia. En realidad, con abejas mejoradas desde el punto de vista genético, como nosotros hemos expuesto, la mayoría de los problemas que ahora mantienen ocupada la mente del apicultor se dispersarán por completo. Para aportar un ejemplo evidente, quiero recordar aquello de la predisposición hereditaria sobre la resistencia a la acariosis. Una variedad que sea vulnerable a esta enfermedad tiene que ser tratada periódicamente, si se quieren evitar importantes bajas, mientras una variedad que sea resistente nunca tendrá la necesidad de ningún tratamiento. Todo el trabajo necesario, los costes de los medicamentos – y las inevitables pérdidas que se verifican a causa del tratamiento serán algo del pasado. Donde son introducidas abejas resistentes, la acariosis, desde el punto de vista estrictamente práctico, no existe. Y esto sería lo deseable de cara a las muchas dificultades que actualmente son el origen de un trabajo extraordinario y de preocupaciones para los apicultores de todo el mundo.

Las tentativas de mejora de la abeja acometidas hasta ahora se han desarrollado principalmente en la dirección de la selección de la línea. Con la selección de una línea se pueden conseguir resultados apreciables: si es conducida con paciencia y perseverancia, con ella se pueden alcanzar grandes progresos. Pero si no es creada sobre una amplia base, o si no es planificada y sacada adelante adecuadamente– y especialmente si la selección es empujada más allá de un cierto punto – el resultado puede revelarse desastroso. Una pérdida progresiva de vigor, paralelamente al desarrollo de la uniformidad, excluye en la abeja, sobre este tipo de enfoque, cualquiera mejora revolucionaria y a largo plazo. En la selección de líneas, además, no es posible desarrollar una cualidad que no presente ya un rasgo en la composición genética de las variedades. Para introducir una nueva característica es necesario recurrir al cruce selectivo. En realidad, la hibridación es la única manera posible para integrar en una variedad los rasgos deseados de las diferentes subespecies – por medio de ésta se puede alcanzar un progreso radical y se pueden desarrollar variedades del todo nuevas.

No ignoro los problemas tan complejos que el cruce selectivo de la abeja melífera lleva consigo. La partenogénesis y la heredabilidad haploide del zángano hacen la faena particularmente difícil, y para garantizar el éxito se requieren cautelas excepcionales. En Buckfast podemos tener a disposición todo lo necesario e indispensable para desarrollar este particular tipo de trabajo. Naturalmente sin el pleno control de los zánganos no es posible crianza selectiva alguna. Esta necesidad, en nuestro caso, viene satisfecha completamente en la estación de Dartmoor, donde tenemos una estación de apareamiento activa desde 1.925. Muchos años de hibridación experimental nos han otorgado la experiencia de la cual, en último análisis, depende el feliz éxito de un proyecto de este tipo, y además nos ha dado la capacidad de ver la inmensa potencialidad que el cruce selectivo puede ofrecer.

En el caso de la abeja, el mayor objetivo es llegar a la mejor variedad posible para la crianza. Usar para un cruce selectivo variedades secundarias llevaría sin duda a esfuerzos inútiles, pérdidas y desilusiones. Las reinas importadas a través de los medios comerciales usuales para un trabajo tan escrupuloso no tienen ningún valor. Para obtener la genética deseada para la selección entendí que no tenía otra elección que conducir una investigación personal sobre el hábitat natural de las subespecies requeridas en nuestros experimentos de selección. Además de esto, dado que cada raza tiene, por necesidad, un gran número de variedades de valor ampliamente diferenciado, la selección tiene en todo caso que ser hecha in situ. Además, la variedad adecuada para la hibridación se suele encontrar en las regiones agrícolas más aisladas, donde, al estar en completo aislamiento durante mucho tiempo, la pureza de la raza se ha preservado, y donde, a causa de la endogamia continua, ha sido alcanzada su máxima uniformidad genética. Las variedades de selección que responden a tales elevados estándares es imposible obtenerlos de ninguna otra manera.

Por estas razones he comenzado una serie de viajes, con el deseo final de conocer todos aquellos países que se asoman al Mediterráneo y que tienen abejas de características excepcionales. Como ya he afirmado, el objetivo principal de esta búsqueda ha sido, en todo lo posible, la recogida de las mejores variedades para la selección que necesitamos en la hibridación. No menos importante, es que ha habido una serie de objetivos secundarios, cada uno de los cuales directamente ha influido en el éxito final del trabajo que nos hemos planteado.

Uno de los más importantes objetivos secundarios de mi búsqueda ha sido obtener informaciones de primera mano sobre el grado de variación de las distintas características, morfológicas y fisiológicas, de cada raza geográfica.

Nuestra literatura contiene pocas informaciones fiables sobre este aspecto, que para nosotros puede tener un valor práctico. Un conocimiento exacto y exhaustivo del abanico de las características hereditarias de las abejas es un requisito elemental para tener éxito con los cruces. Estos viajes nos han proporcionado un conocimiento de inestimable valor del particular tipo de abeja que necesitábamos, el cual no hubiésemos podido obtener nunca de ninguna otra manera.

Además de esto, en colaboración con la Estación Experimental de Rothamsted, han sido recogidas muestras de cada subespecie y de las variedades más significativas para efectuar medidas biométricas. Cada muestra comprende alrededor de 100 abejas, conservadas en contenedores especiales llenados con una particular solución. Los datos obtenidos desde estas muestras formarán una documentación permanente para cualquier referencia futura.

Quizás, en general, no nos damos cuenta de que muchas razas y variedades están gradualmente o seguramente destinadas a desaparecer a causa de la hibridación. En realidad, según la documentación que he podido recabar, esta reprochable situación se ha llevado a tal nivel que la abeja originaria, en su pureza original, no existe ya en numerosos países – o en el caso de que siga existiendo, solamente se pude encontrar en los rincones más recónditos de los valles más aislados, lejos de un posible intercambio. Esto ocurre en la Europa Occidental. Desde el punto de vista genético, esta evolución es absolutamente censurable, porque, en la confusión de una hibridación sin control, muchas características apreciables han sido solapadas o incluso se han perdido. Para la selección de abejas mestizas no tiene ningún valor. Por eso, ninguna de las muestras recogidas ahora formará parte de la documentación más precisa para cada referencia futura – disponiendo de toda ventaja inmediata que los estudios biométricos puedan revelar.

En mi trabajo en el Continente me he interesado particularmente por todo intento encaminado a la mejora de la abeja. En esta dirección se ha invertido una enorme cantidad de trabajo que, en el caso de Inglaterra, contrasta con una noción bastante confusa. El gran movimiento – *Die Rassenzuchtha* – fue inaugurado en 1.898 en Suiza por el doctor U. Kramer, y en Austria, Alemania y Suiza las estaciones de apareamientos están en uso desde hace más de medio siglo.

Por último, pero no menos importante, me he dado cuenta de que una visita a los institutos de investigaciones del Continente y la creación de una línea directa de contacto entre científicos y apicultores del extranjero, en muchos aspectos ha resultado muy útil para el proyecto que nos hemos marcado. Un intercambio desde distintos puntos de vista y reuniones directas para hablar de muchos y distintos problemas, invariablemente llevan a una mejor comprensión mutua y a una mejor evaluación de la verdadera naturaleza sobre las dificultades en el campo.

1950

Francia - Suiza - Austria - Italia - Sicilia - Alemania

El primer viaje realizado por el Hermano Adam se desarrolló en dos etapas. El 20 de marzo de 1.950 zarpó desde Newhaven en dirección al continente, y siguió su viaje en coche hacia la Francia meridional. Al término de lo que se propuso, pasó abril y mayo en Suiza y Austria, incluyendo en su estancia dos cortas visitas a la Alemania meridional. A principios de junio volvió a Inglaterra durante tres meses para desarrollar distintos encargos en Buckfast. El 21 de agosto partió nuevamente hacia Austria, para completar sus investigaciones en Carintia y Estiria, antes de seguir hacia Italia y Sicilia. En el viaje de vuelta visitó la Suiza francófona y las principales estaciones de investigación existentes en Alemania.

FRANCIA

A mi llegada a Francia me dirigí directamente hacia el sur por una sencilla cuestión: en su extremo meridional, la primavera había empezado ya. De hecho, en aquel momento, en las costas del Mediterráneo, ya estaba presente el flujo nectarífero principal. En las Corbiéres y en Provenza, el romero estaba en plena floración, y estaba a punto de terminar en ésta última. En Céret, no muy lejos de Perpiñán, el 28 de marzo el trébol blanco estaba ya en flor a lo largo de la carretera. Las Corbiéres – una de las regiones más alucinantes del mundo por la segregación de néctares – está ubicada entre Narbona y Perpiñán hacia el Este, y entre Carcasona y Quillan hacia el Oeste. La miel de Narbona, famosa en todo el mundo, viene del romero de Las Corbiéres. En esta región de colinas y rocas, y aparentemente seca, el romero prospera de la forma más óptima. Una producción limpia de 15 libras por colonia en un día no es un evento inusual, cuando el romero está en plena floración y cuando las condiciones climatológicas son las deseadas se logran los mejores resultados. Desafortunadamente, en esta región de Francia, a menudo el viento violento y tempestuoso – alrededor de 220 días al año – estropea las expectativas de los apicultores. Las corrientes de aire desde occidente son desviadas hacia esta área al Sur de los Pirineos y al Norte del Macizo Central. Cuando las corrientes de aire alcanzan un paso más estrecho, cerca de la costa del Mediterráneo, el viento en Las Corbiéres alcanza a menudo una velocidad de 85 millas por hora. Aunque brille el sol, las abejas no son capaces de afrontar un viento tan fuerte. Se entiende fácilmente entonces cómo en esta región de Francia es de vital importancia para las abejas tener una gran resistencia, y gran vigor y fuerza alar. Así, no sorprende en absoluto que algunas de las mejores variedades de abejas francesas originarias

Parte alta de izquierda a derecha. Caseto para colmenas, en el Jura francés era la única forma de apicultura conocida hace un centenar de años: actualmente están casi extinguidas.

Un apiario tradicional en la zona de Gâtinais. Hace mucho tiempo, los apiarios de este tipo eran parte del paisaje inglés.

Erica Arborea, originaria de los países del Mediterráneo y de la costa meridional del Mar Negro. Proporciona una miel blanca acuosa – y es la madera con la cual elaboran las pipas desde su raíz.

Francia

En Jura: la abeja francesa necesita un cuadro ancho y una colmena espaciosa, como el modelo Dadant de 12 cuadros, aquí en uso.

Un apiario nómada en las Corbiéres, donde se produce la miel de "Narbona", de romero, famosa en todo el mundo.

puras se puedan encontrar en Las Corbiéres. La abeja pura francesa, aquella que nosotros conocemos desde hace cerca de veinte o treinta años, está cerca de la extinción.

Solamente un pequeño número de apicultores comerciales prefieren aun la abeja negra indígena. Y estos pocos tienen que hacer frente a las dificultades casi imposibles para mantener pura la raza, debido a la difusión del uso de los híbridos. La mayoría de los apicultores franceses utilizan reinas italianas criadas en América, cruzadas con zánganos locales. La progenie de las reinas americanas puras resulta escasa de escaso valor para la producción de miel, pero el mismo cruce da resultados satisfactorios. Con la excepción de unos pocos casos aislados, en cualquier lugar al que me acercaba, en Francia he encontrado híbridos de primer cruce o abejas mestizas. Uno de los mejores seleccionadores de reinas que hemos tenido venía del distrito de Le Gâtinais. En mi investigación en esta región, en 1.950, no he conseguido encontrar ninguna colonia de abeja indígena pura. Durante ese tiempo he encontrado algunas de las más terribles abejas mestizas que he visto en toda mi vida.

El declive de la abeja indígena francesa es, sin duda, en gran parte debido a su terrible temperamento. Cuando se estimula hasta el final, sobre todo hacia final de campaña o inmediatamente después de la cosecha de miel, pica a cualquier ser vivo que pasa cerca. Es también proclive a enjambrar injustificadamente, y a recoger propóleos en excesiva cantidad. En realidad, desde este punto de vista, gana sobre cualquier otra abeja que yo haya conocido, con excepción de la caucásica. El interior de algunas colmenas. en las cuales he podido trabajar en Francia, estaba literalmente tapizado de propóleo de tipo resinoso y viscoso, que no permite manejar los cuadros fácilmente y de manera agradable. A excepción de estos defectos bastante graves, si la abeja indígena francesa desaparece debido a la tendencia a las hibridaciones indiscriminada, sería una pérdida y una desgracia irreparable. Es verdad que sus defectos son considerables, pero las buenas cualidades que esta abeja posee son igualmente grandes. Es muy resistente, tiene larga vida, es fuerte de alas y una de las mejores pecoreadoras. Es también una buena constructora de panales, y los opérculos producidos por algunas de sus variedades son casi del todo perfectos.

La abeja francesa puede ser considerada en estrecha relación con la abeja marrón de Europa Central; con la diferencia de que muchas de las buenas y malas características de esta última, en la abeja francesa, son desarrolladas de manera extrema. Desde el punto de vista del seleccionador, entre los dos tipos de abejas, la más válida es la primera, dado que la abeja francesa se presta muy bien al cruce selectivo. El mal temperamento, también cuando es marcado, puede ser fácilmente eliminado en la siguiente generación y en la recombinación de las características.

La abeja indígena francesa sufre de un ulterior defecto, que se manifiesta en casi todas las variedades de abeja marrón de Europa Central; su acentuada vulnerabilidad innata a las enfermedades de la cría. También en este caso, en la abeja francesa, esta vulnerabilidad se manifiesta de manera mucho más marcada que en cualquier otra variedad de abeja marrón, de hecho, al menos al mismo nivel de este defecto, va correlacionada su falta de limpieza o su tolerancia por todo lo que es extraño al interior del nido, lo que es una de las causas que la predispone a las enfermedades que afecta a la cría. La tolerancia bastante marcada a la polilla de la cera de la abeja francesa es una clara señal de su insuficiente propensión a la limpieza.

Me habían dicho que la apicultura en Francia en los últimos ciento cincuenta años estaba en declive. Aún hoy hay precisas indicaciones de una reactivación, y la apicultura comercial actualmente se practica de una forma más amplia respecto de la inglesa. Un país que posee tal diversidad de floraciones nectaríferas – donde el pipirigallo se encuentra de manera natural en las orillas de las carreteras y en cada rincón de terreno abandonado – la cultura apícola tendría que estar más que florecida. En realidad, considero que Francia tiene a su disposición algunos de los mejores suelos para la apicultura de toda Europa. Las metodologías de gestión actuales entre los productores comerciales de miel no se pueden declarar intensivas, según nuestros estándares. Aunque sí que obtienen buenas cosechas. Todavía me parece que un sistema de gestión más intensivo podría ofrecer una apicultura aún más rentable.

SUIZA

En el transcurso de mis viajes en 1.950 he visitado Suiza en tres ocasiones diferentes. La primera visita tuvo lugar a comienzos de abril: el clima en aquel periodo seguía invernal aún, y evidentemente era demasiado pronto para prestar cualquier atención a las abejas. Por esto, llegando a Berna, me fui directamente a la Meca de la apicultura – el Instituto Liebefeld. El Profesor Dr. O. Morgenthaler, desafortunadamente, no estaba en aquel momento; aunque se me presentó al grupo de investigadores de la Doctora A. Di Maurizio, a la que había conocido ya en el congreso internacional de Ámsterdam. Ella me explicó en detalle su trabajo sobre los análisis de los pólenes, un sector en el cual es reconocida como máxima autoridad. Ha sido en su departamento donde, por primera vez, he probado la excelente y deliciosa miel obtenida del Alpen rose (Rododendro de los Alpes), una especie de rododendro enano que prospera solamente en altura y en las regiones de los Alpes no alcalinas. Según mi opinión, se trata de la miel más agradable producida en todo el Continente, y quizás en el mundo entero. En los laboratorios de los señores Schneider y Brügger charlamos de muchos problemas relacionados con la enfermedad de la acariosis, y de las últimas investigaciones que ellos sacaron en Liebefeld. En Suiza se hacen muchos esfuerzos para hacer frente a este peligro, recurriendo a restringir los movimientos de las colmenas en las áreas en las cuales es certificada la enfermedad, y con el tratamiento obligatorio de cada variedad en cada distrito en el cual se confirmó la presencia de la acariosis. Con estas medidas se espera erradicar la enfermedad o, por lo menos, reducir al mínimo las bajas. Desafortunadamente, en los países que circundan Suiza, la acariosis está cada vez más difundida, ganando terreno. Según mi opinión estos tratamientos no podrán lograr una resolución definitiva de este problema. En este momento, en el Continente, al menos la acariosis no ha alcanzado la virulencia que alcanzó en Inglaterra cuando la epidemia había alcanzado su pico más destructivo.

Durante esta visita y en las siguientes a Liebefeld me interesé particularmente por el trabajo del señor W. Fyg. La investigación conducida por parte de este eminente zoólogo en Inglaterra no es conocida como merece. El señor Fyg es una persona muy reservada y humilde, que subestima sus grandes capacidades. Sin duda él es la máxima autoridad sobre todos los temas de las estructuras y patologías relacionadas con los órganos reproductivos de la abeja reina. Por lo que yo conozco, es el único investigador del mundo que ha transformado estas problemáticas en su único objetivo. Sus aportes sobre los estudios de la anatomía, fisiología y patología de la abeja reina son de valor realmente inestimable. Me he quedado profundamente impresionado sobre este particular ámbito de la investigación, dado que permite aclarar muchos aspectos que hasta ahora habían quedado sin una respuesta satisfactoria.

Debido a las citas que tuve anteriormente con los apicultores de la Carintia, esta primera estancia en Suiza fue forzosamente de corta duración. Volví a Berna el 15 de mayo. Mi objetivo principal durante esta visita se limitaba al estudio de las diferentes variedades de abeja indígena que se habían desarrollado en Suiza en el transcurso de los últimos cincuenta años. El Doc. Morgenthaler y A. Lehmann - organizaron amablemente para mí estas inspecciones, acompañándome. El Doc. M. Hunkeler, Chef der Rassenzucht (director de la Rassenzucht) se unió a nosotros el segundo día.

En Suiza se utilizan muchas variedades desarrolladas a partir de la abeja común indígena. Normalmente se considera que cada una de estas variedades encarna algunas especiales características, o algunas innatas adaptaciones al entorno particular que lo ha originado. Se considera entonces que los mejores resultados pueden ser obtenidos solamente desde una variedad que esté completamente adaptada a las modificaciones impuestas de cada entorno. Actualmente no hay ninguna razón útil para describir estas variedades al detalle, aunque haya una que merece especial atención, la "negra". De hecho, esta variedad es una auténtica creación suiza. Fue creada hace alrededor de cincuenta años por F. Kreyenbühl. Hasta hace unos pocos años, antes la última guerra, era el tipo de abeja favorecida y más difundida de toda Europa Central. Ha caído su uso en Alemania en los últimos diez años, y en la actualidad fue rápidamente sustituida con otras variedades. Una crianza poco adecuada y la excesiva atención a las características externas han sido las causantes, probablemente, de una degeneración de la "negra" criada en Alemania. En nuestros apiarios hemos sometido a esta variedad a un test extensivo, y nos ha sorprendido muy favorablemente. Esta abeja tiene muchas características deseables, pero desafortunadamente tiene un defecto grave que oscurece todos los datos positivos: enjambra de una manera excesiva, sobre todo cuando es cruzada. Por esta razón, en nuestro clima, no es óptima para la producción comercial de miel. Si no fuese por este defecto, la "negra" sería seriamente recomendable. Como indica su nombre, es negra – no marrón. Es completamente de un negro azabache. Este color extraordinario, su inusual tendencia a la enjambrazón en su medio y algunas otras características de esta abeja parecen indicar una estrecha parentela con la abeja de los brezales alemanes (*Apis mellifera var. Iehzeni*).

En Suiza, además del objetivo principal de mi investigación, he recogido testimonios de primera mano sobre los métodos locales de apicultura, y sobre las técnicas de gestión de las colonias en las "casas-apiarios". Estas últimas, sin duda, tienen sus ventajas. Pero nunca serán adecuadas para desempeñar las operaciones y manipulaciones rápidas que son el *sine qua non* requerido por los métodos más avanzados de la gestión. Los suizos han desarrollado indudablemente una extraordinaria habilidad para manejar los cuadros, sacarlos y sustituirlos, utilizando pinzas especiales aptas para este fin. Sin embargo, a pesar de algunas consideraciones prácticas, respecto a la imposibilidad física de llevar a cabo cualquier operación y manipulación con la máxima velocidad y eficiencia, la "casa-apiario" parece, en muchos aspectos, poseer ulteriores desventajas. La protección y el calor excesivo que durante los meses estivales se desarrolla en estos casetos de peso notable no favorece un desarrollo normal, natural y sano de

Una típica casa-apiario suizo de la Oberland Bernés.

Hermano Adam en entrevista con el Prof. O. Morgenthaler, fundador del Instituto apícola de Liebefeld y primer secretario general de Apimondia.

El profesor L. Armbruster, director del Archiv für Bienenkunde, en Lindau.

Suiza y Alemania.

Lüneburger Heide, en Alemania: un tipo de apicultura que pronto será parte del pasado.

Erlangen: el Doc. K. Böttcher y Hermano Adam.

las colonias, al menos según mi experiencia. De hecho, me fui con la clara impresión de que en las "casa-apiarios" que había visitado, las abejas estaban demasiado sometidas al calor como para obtener los mejores resultados. No debemos pensar que estos casetos son utilizados en toda Suiza: en la zona francófona de la Suiza Occidental, las colmenas están colocadas en un sitio abierto, tal y como hacemos nosotros en Inglaterra.

Regresé una vez más a Berna el 8 de octubre. En tal ocasión mi investigación me llevó al sector más occidental de Suiza, la zona de Neuchâtel. La colmena Dadant es utilizada casi exclusivamente en los cantones de Suiza en los cuales se habla francés. En realidad, es el idioma el que parece marcar el verdadero límite que separa estos dos sistemas de apicultura completamente diferentes. En los cantones, donde hablan alemán, se utilizan en general las "casa-apiarios", con cuadros que tienen una superficie aproximadamente igual a los cuadros British Estándar; en los cantones que hablan francés, se usa en muchos lugares las colmenas Dadant.

La organización de la Asociación de apicultores suizo-alemán está muy adelantada, y por muchas razones podríamos decir que es la más adelantada del mundo. Su programa de seguros contra las enfermedades de las abejas, su control de la miel y, sobre todo, la mejora de su abeja indígena a través del apareamiento controlado de las reinas, trabajo empezado por el Doctor U. Kramer en 1.898, son algunos de los hitos más relevantes. En 1.950 la asociación tenía en activo nada menos que 183 estaciones de apareamiento.

A pesar de los inconmensurables resultados alcanzados, todavía no estoy del todo convencido de que, con el tipo de abeja en uso, y también con el sistema apícola-turístico en boga, en Suiza se obtenga la máxima cosecha por colonia. Es así porque muchos de los argumentos presentados a favor de la abeja indígena y el particular sistema apícola-turístico me han recordado a las creencias y pensamientos que había en Inglaterra hace treinta cinco años. Con extrema tenacidad, algunos de nuestros dirigentes sostenían que la antigua abeja indígena inglesa tendría que, *ipso facto*, ser la mejor abeja debido a nuestro clima. Con algunas razones válidas, se consideraba que, en el transcurso de miles de años, la selección natural, con infalible seguridad, habría seleccionado y plasmado una abeja que fuese la más apta a las particulares necesidades de nuestro clima insular. Pero, dado que aprendí la dura lección directamente por mí mismo, sabía cuánto de este argumento estaba absolutamente equivocado. Todavía, en mis viajes por el Continente, de forma continua recordaba involuntariamente la falacia de tal manera de razonar, y las consecuencias que llevaba consigo. Es muy fácil en apicultura perderse donde a menudo las consideraciones teóricas que sacamos nos llevan inevitablemente a un camino sin salida. Si las abejas fallan en el desarrollo primaveral o si no se comportan correctamente en cada momento de la campaña es fácil, demasiado fácil, creer con la máxima convicción que la culpa sea del tiempo o, por cualquier inexplicable causa, las floraciones no han producido néctar. En el continente americano la apicultura se orienta excesivamente según consideraciones puramente comerciales y pragmáticas. En Europa central se da el caso contrario: las consideraciones abstractas tienden a tomar el dominio sobre todos los aspectos prácticos de la apicultura. Las ventajas y desventajas de la teoría, cuando son sometidas a prueba en la severa práctica apícola, a menudo se relevan engañosas.

Mis visitas por Suiza han sido demasiado cortas. En una comunidad de apicultura tan bien organizada habría podido aprender innumerables aspectos más.

AUSTRIA

En Austria podemos encontrar tres variedades distintas de abejas: la abeja marrón de Europa central, la abeja alpina y la abeja cárnica (o carniola). La abeja marrón se encuentra en la Austria superior, la variedad alpina está limitada a las regiones septentrionales de los Alpes, principalmente en los valles de Salzach y del Inn; las otras cadenas de montañas de los Altos y Bajos Tauro representan el límite meridional de su difusión. El hábitat original de la abeja cárnica es el lado inmediatamente al sur de los Tauro, en la Carintia y en Carnia. Los Dolomitas al este y los Alpes Cárnicos al sur-oeste y al sur, constituyen su territorio principal. La anchura de su difusión geográfica hacia el noreste, este y sureste no ha sido definida con claridad hasta este momento.

He examinado una gran cantidad de variedades de la subespecie alpina. En muchos aspectos parece igual a la abeja que encontré en Suiza. Por cuanto he podido averiguar, todas estas variedades alpinas son formas distintas de la abeja marrón europea, con ligeras variaciones o modificaciones logradas gracias al aislamiento natural, debido a la conformación montañosa de la región. Aunque la suiza y la tirolesa todavía están entre las variedades más criadas, aún no muestran ninguna característica de nivel superlativo.

Con la excepción de la "negra", aquellas tienen una estrecha similitud con la antigua abeja indígena inglesa. En realidad, estas variedades de los Alpes son las únicas parientes estrechas que quedan como representación de la antigua abeja marrón de Europa Central que, en su forma auténtica – con pocas excepciones – tienen que ser consideradas, en todos sus fines prácticos, extinguida.

En el Continente, la abeja que nosotros llamamos carniola es comúnmente conocida como cárnica. En los países de lengua inglesa se la llamó carniola por el hecho de que en el pasado la mayor parte de las importaciones venían de la Carniola, región que antes de la Primera Guerra Mundial era una provincia del Imperio Austríaco que en 1.919 fue incorporada a Yugoslavia. Quizás la Carniola era el centro geográfico en el cual esta abeja tenía su hábitat originario, pero sin duda uno de los mayores centros de su distribución es la Carintia. Las otras barreras montañosas que rodean la Carintia después, efectivamente, han preservado la pureza de esta raza - como quizá en ningún otro lugar dentro su esfera de distribución – desde tiempos inmemorables. El profundo aislamiento del valle, la casi inaccesibilidad de muchos de los masos alpinos, la severidad del clima y la escasa flora nectarífera, han contribuido aún más a crear, en el interior de la misma Carintia, muchas líneas distintas de esta abeja, claramente diferentes. Para desarrollar tales líneas diferentes aquí han trabajado conjuntamente unos y otros en el aislamiento y la selección natural. La Carintia y Yugoslavia noroccidental representan un verdadero "Dorado" para el estudiante aficionado y para el seleccionador de abeja cárnica. Esta subespecie ha sido descrita por un estudio importante como una versión gris-negra de la abeja amarilla italiana. Con la excepción del color y del vello color gris, la cárnica se acerca a la italiana más que cualquier otra raza. Todavía la verdadera cárnica es, sin duda, una subespecie deferente de *Apis mellifera.* Pero la amplitud de las variaciones en las diferentes subespecies y variedades es, probablemente, mayor que aquellas de cualquier otra raza - al menos, según nuestros conocimientos. Si no tomamos en consideración las diferentes morfologías, la variación de las distintas fisiologías entre una variedad y otra es realmente muy pronunciada.

Uno de los rasgos positivos más apreciados de la cárnica es su extraordinaria mansedumbre. Según mis experiencias, es de las más mansas entre todas las razas. Puede ser manejada con absoluta impunidad, sin careta ni ningún tipo de protección. Las abejas se quedan tranquilas y soportan el manejo con gran compostura, además de que, cuando es requerido, se dejan sacudir fácilmente del panal y tienen un comportamiento bastante distinto respecto a las italianas en esta situación. Sin embargo, durante mis viajes me encontré con variedades que podrían ser definidas con mal temperamento. Entre otras buenas cualidades que esta subespecie posee, hay que mencionar su incomparable resistencia, longevidad y potencia de las alas. Los inviernos largos e interminables, el frío extremo y el general rigor y repentino cambio del clima alpino, como también la escasez de flora nectarífera, han contribuido desde tiempos inmemorables al desarrollo de estas características. El extraordinario vigor de la cárnica limita con lo increíble. Por ejemplo, el 19 de abril pude visitar un maso aislado, ubicado a una altura de 4.200 pies más o menos, sobre una pendiente inhóspita y desnuda de vegetación. El día era terriblemente frío y las montañas alrededor estaban cubiertas de una espesa cortina de nieve. Las abejas de aquel maso estaban alojadas en las típicas "casa-apiario" de la Carintia. Estos casetos tienen una altura de aproximadamente 6 pulgadas, anchos de 10 y largos de 39, y son construidos con tablas de madera maciza de 5/8 pulgadas. Por cumplir con la tradición, el dueño de esta explotación no pasaba el invierno con más de ocho colonias de abejas. Por lo tanto, en este caso, los casetos estaban colocados en dos montones de tres y una de dos pegadas de lado. Además de la protección ofrecida de este tipo de disposición, del espesor de la madera con la cual las casetas eran construidas y un tejado contra la lluvia, estas ocho colmenas no tenían prácticamente ninguna otra protección o refugio. Aun así, cuando la parte anterior de cada colmena se quitaba para revisarlas, todas estaban llenas de abejas. Algunas colonias formaban una piña de 3 pulgadas de profundidad entre a los panales construidos el año anterior.

La cárnica forma pequeñas colonias en otoño y, como consecuencia, consigue a salir del invierno con mínimas reservas - un rasgo muy deseable y apreciable – diferentemente de una abeja italiana. Se me aseguró que las colonias consiguen superar el invierno con 6 libras de reservas y, hay que tenerlo presente, reservas que no son de la mejor calidad. Las abejas de la Carintia salen del invierno sobre todo con la melaza obtenida de las coníferas o, cuando las colmenas han sido trasladadas a los lugares de cultivo de trigo sarraceno al noreste de Klagenfurt, salen de la época fría con la miel de este último cultivo. Pero la clave es que la cárnica tiene una reactivación primaveral muy rápida, en cuanto los pólenes están disponibles de la *Erica cárnica* y del azafrán silvestre. La primera empieza su floración alrededor de la mitad de marzo, mientras la segunda hacia la mitad de abril. Pero en esta época del año, en Carintia el clima es muy inestable, como he podido comprobar por mí mismo. Puede de improviso ser cálido hasta el agobio, mientras el día siguiente puede haber una vuelta al invierno. En las primaveras tan cambiantes las abejas tienen por necesidad que estar dotadas de una adaptabilidad y resistencia excepcional. El calor primaveral del peso de las colmenas con tales amplias variaciones de temperatura puede significar la ruina de una colonia.

Por distintas autoridades y expertos de la subespecie de abeja cárnica, ésta es considerada como la productora de miel por excelencia. Además, han sido registrados muchos casos en los que se ha comportado de manera excelente, especialmente cuando es cruzada. Como dato, su primer cruce es considerado el referente mundial de extras obtenidos de una colonia. Todo parece indicar que una buena variedad encarna la capacidad requerida para formar una excelente producción de miel. Pero según nuestra experiencia entre las distintas variedades hay grandes diferencias, y la mejor no se encuentra enseguida.

La cárnica posee una lígula de longitud excepcional, que tiene particular importancia donde haya vastos cultivos de trébol rojo. Además, es una buena constructora de panales de cera, y tiene una tendencia a hacer opérculos blancos como hojas de papel. Pero estos últimos son típicamente planos y no convexos. La auténtica cárnica recoge propóleos en menor cantidad respecto a cualquier otra raza europea, y para cerrar las grietas de su hogar prefiere utilizar directamente la cera. Considero ésta última una cualidad muy apreciada, porque evita una desagradable manipulación de los cuadros por la presencia del propóleo, sobre todo donde este último resulta ser resinoso y viscoso. No todas las variedades que he encontrado en Carintia utilizan en alguna medida el propóleo y dibujan opérculos tan blancos.

El principal defecto de esta subespecie es la excesiva propensión a la enjambrazón. Una raza o variedad que sea propensa a enjambrar de manera desordenada, aquí en Inglaterra no tiene ningún valor práctico para la producción comercial de la miel. Cualquier cualidad que presente deseable queda desperdiciada, disipada por este defecto. Recientemente hemos testeado unas reinas recibidas desde cuatro diferentes criadores del Continente. Cada una de estas variedades comerciales en nuestros apiarios se ha revelado de escaso valor, a causa de su incontrolada tendencia a enjambrar. Hay que tener en cuenta que, hasta hace poco tiempo, esta característica en Carintia había estado deliberadamente estimulada, y todavía sigue estando presente en las antiguas "casas-apiarios". Se puede imaginar que, a través de la selección, esta característica puede ser eliminada, o en cualquier caso reducida dentro de límites tolerables. Las abejas importadas desde la Carniola hacen cuarenta o cincuenta años eran mucho más proclives a la enjambrazón respecto a las recientes importaciones. Aunque las conclusiones de mi investigación del último año revelaron haber encontrado una o dos variedades que puedan satisfacer nuestros requisitos, solamente un test práctico en nuestros apiarios podrá esclarecer esta cuestión. Según la información que se me ha proporcionado y lo que mis propias observaciones tienden a confirmar, todo indica que la abeja indígena de la Carniola y de los lugares limítrofes hacia el sur no es igual a las variedades que se encuentran en Carintia por muchos aspectos. Espero tener la capacidad de aclarar esta cuestión en un futuro próximo.

No hice ningún intento por describir en detalle las características menos obvias de la abeja cárnica. Esta cuestión va mucho más allá de los objetivos de mi presente informe. Además, en muchos aspectos, estamos hablando de una raza misteriosa, de la cual todavía no se han sondeado los movimientos y las posibilidades, dado que muchas de sus potencialidades hereditarias están en estado aquiescente y salen a la luz solamente con el cruce selectivo.

(35a) En Carintia, el Azafrán al principio de la primavera ofrece polen en abundancia.

Tirol oriental: la caseta que aloja una "casa-apiario" en un barrio perdido del Virgental.

Austria.

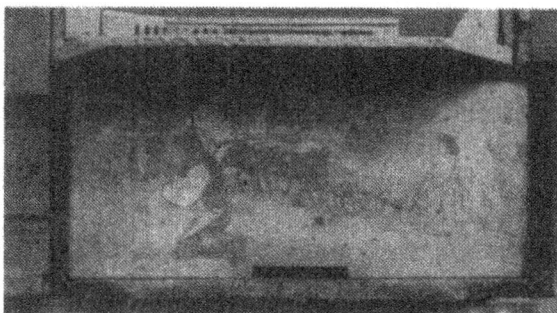

La parte frontal de una colmena de la Carintia, que representa un notable episodio de la vida de S. Isidoro.

La Rosental, "Valle de las rosas", en Carintia, colindante con Yugoslavia: a día de hoy es el centro de la venta de las abejas cárnicas.

Las "casas-apiarios" de la Carintia, en un maso ubicado a 4.200 pies de altura cerca del puerto de montaña Katschberg.

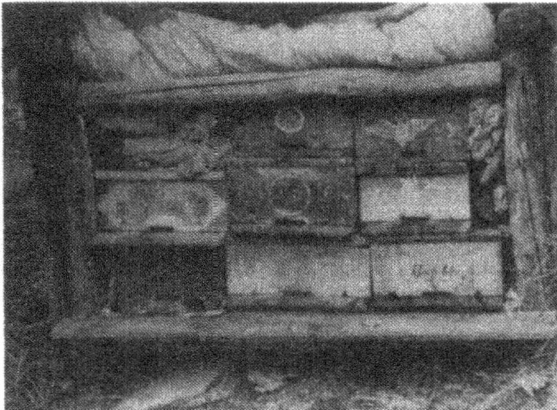

ITALIA

Según mi programa, tenía intención de pasar en el territorio italiano un mes, durante el cual una semana habría sido dedicada exclusivamente a la exploración de Sicilia. Tendría que haber recorrido un territorio muy amplio, y a medida que el viaje progresaba me di cuenta de que no habría podido completar por entero el viaje programado. Como consecuencia, tuve que dejar las visitas hacia el noroccidente de Italia, aquel territorio que linda con Yugoslavia. Es en esta región donde la abeja italiana y la cárnica se mezclan desde tiempos inmemorables, y donde, con mucha probabilidad, se pueden encontrar variables intermedias fijas que incorporan las características deseables de ambas subespecies. Una variedad estable de este tipo representa un conjunto de valores inestimables. Espero, pues, poder concluir mi visita a esta zona en una de mis próximas visitas a Yugoslavia.

La aplastante popularidad de la abeja italiana, que a nivel mundial no tiene comparación, la coloca en el centro de toda discusión. Sin duda, yo estoy convencido de que, sin la abeja italiana, la apicultura nunca habría cumplido los progresos que todos conocemos. Sin ella, la apicultura comercial, tal como es practicada a día de hoy en cada país que tenga una amplia producción de miel, sería prácticamente imposible. La abeja italiana es un don de la naturaleza, prodigado en una tierra dotada de tales abundancias que sus ventajas no encuentran parangón. No es una abeja perfecta bajo todos los puntos de vista, pero la naturaleza le ha proporcionado una combinación de cualidades deseables en medida tal que no encuentra equivalentes con ninguna otra subespecie. La abeja italiana tiene sus defectos – que le han negado una popularidad mundial absoluta. Sus características generales son tan bien conocidas que no tendría sentido describirlas aquí. Será necesario indicar sus defectos principales según mis conclusiones. La abeja italiana tiende a criar en exceso al término de un flujo melífero principal, y, salvo algunas excepciones, disipa bastante sus reservas. No es parsimoniosa y carece de resistencia, de vigor, de longevidad y de fuerza en las alas, lo cual se manifiesta en distintas medidas en la mayoría de las otras razas de abejas. Se pierde en la deriva y, a causa de su falta de vigor, cuando al principio de la temporada las condiciones climatológicas obstaculizan el desarrollo de las colonias, está sujeta a un declive primaveral.

Según mis informaciones, hay tres variedades distintas de abeja italiana: aquella de color cuero oscuro, aquella de color amarillo intenso, que normalmente es la favorita de los criadores profesionales y un tipo que no se ve a menudo de color amarillo limón muy pálido. La así llamada, "italiana dorada" (*Golden italian*), no es para nada una abeja italiana pura: es el resultado de un cruce entre italiana y abeja negra, como claramente han demostrado nuestros experimentos de cruces.

La experiencia ha demostrado que la abeja de color cuero, por su valor económico, supera a la amarillo intenso, aunque sea una variedad más atractiva. Las primeras reinas que han sido exportadas desde Italia venían de los Alpes ligures – y de aquí deriva el nombre de ligústica. Estas importaciones originarias, ocurridas alrededor de hace cien años, eran prevalentemente de la variedad color cuero, y, sin duda, ha sido la abeja oscura indígena de la Liguria la que conforma la reputación de la itálica. Según mis estudios, la verdadera abeja color cuero se encuentra solamente en los Alpes Ligures, en la región montañosa entre La Spezia y Génova. Inmediatamente al Oeste de Génova, aparecen los híbridos. En la región entre Imperia y San

Remo, invade el territorio italiano la abeja negra francesa – con su característico mal carácter. Según mi opinión, las abejas oscuras ligures, la cuales encontré entre las montañas ligures, incorporan de manera sorprendente todas las buenas cualidades que ha hecho a la abeja italiana tan popular en todo el mundo.

La distribución geográfica de la variedad amarillo intenso del norte está limitada principalmente en la llanura lombarda, mientras al sur se difunde a lo largo de toda la península, hasta Catanzaro. Más al sur de estas regiones, la región de Calabria está dominada por el peor tipo de mestizas existentes: un conglomerado heterogéneo de la italiana color amarillo y de la abeja negra nativa de Sicilia. Aunque no haya sido capaz de explorar durante enero la región del norte de la llanura lombarda, a juzgar por las zonas visitadas y por las informaciones que he recogido, en los pre-Alpes adyacentes a Suiza dominan los híbridos. En los Dolomitas y en la región cerca de Bolzano, la prevalencia de los híbridos está muy marcada. Por otro lado, cerca de Como y en el Ticino, se encuentra más fácilmente la amarilla italiana. Pero las abejas negras y las mestizas dominan claramente la zona más occidental, el Valle de Aosta, como yo mismo he podido comprobar. En las regiones en las cuales la abeja italiana amarillo intenso es indígena, cuanto más me trasladaba hacia el sur, más aumentaba progresivamente su tendencia a propolizar.

Hice visitas a la mayor parte de los criadores de reinas italianas cerca de Bolonia. Estos me aseguraron que sus clientes pedían reinas amarillo intenso. Cada comerciante se abastece de aquello que sus clientes piden – si se quiere vender tiene que actuar en consecuencia-. Sin duda, estas explotaciones alrededor de Bolonia que crían abejas reinas proporcionan las mejores variedades del tipo amarillo intenso que se puedan encontrar. Pero no tengo ninguna duda de que dicha variedad, desde el punto de vista estrictamente práctico, la abeja oscura de la Liguria sea con diferencia la mejor.

Hay relativamente pocos apicultores profesionales en Italia. Se trata de un país en el cual prevalece la apicultura a pequeña escala. La agricultura es conducida de manera demasiado intensiva como para permitir una apicultura con un gran número de colonias en un único lugar. Por estas razones, las zonas de montaña, donde abunda el tomillo silvestre, salvia, erica, etc., desde este punto de vista, ofrecen las perspectivas más favorables. Sobre todo, a lo largo de la costa hay cultivos en extensivo de naranjos o limones que ofrecen una generosa cosecha al principio de la primavera, antes de que comience la floración de montaña. Las montañas de la región de Calabria tienen que ofrecer un espectacular encanto cuando la erica mediterránea (erica arborea) está en plena floración. Me trasladaron que esta variedad ofrece una miel transparente como el agua, que se extrae con fuerza centrífuga. Parece además que, en la Calabria meridional, a menudo, las abejas recogen parte de sus reservas invernales gracias a los higos: es decir, recogen el zumo que escurre de los higos demasiado maduros.

Este fruto abunda en esta región y la segunda cosecha (a causa del pequeño tamaño de los frutos), a menudo, no es recogida. Un apicultor me ha asegurado que sus colonias en el otoño precedente habían hecho una cosecha de 15 libras por este recurso. Parece ser que las abejas, en este clima subtropical, con el zumo de higo superan plenamente el invierno.

Hasta hoy en día la apicultura en Italia no ha alcanzado un gran nivel de eficiencia. Se perciben indicios de una renovación. La medida de los cuadros comúnmente en uso es la Dadant y

Langstroth. En la región de la Campania, en los Montes Albanos y en Italia noroccidental, aún se usan ampliamente las colmenas con forma de troncos (cajas alrededor de 10 pulgadas de lado y 24 de altura).

Sicilia.

Un apiario cerca de Noto, en el cual son utilizadas colmenas de caña; pero algunas del mismo tamaño son de madera con cuadros movibles.

Italia

Una de las muchas fincas para la crianza comercial de reinas cerca de Bolonia.

En las zonas más recónditas de Italia se pueden observar todavía viejas colmenas.

SICILIA

A mi llegada a Messina, el 19 de septiembre, viajé en compañía de M. Alber hasta Randazzo, situada en las pendientes septentrionales del Etna. Esta es una zona famosa en el mundo de la apicultura. Hasta hace no muchos años, en toda la isla, se podía encontrar solamente a la abeja nativa de Sicilia (*Apis mellifera* var. *Sícula*), pero en los últimos años han sido importadas un gran número de reinas del norte de Italia. Si estas importaciones de la abeja amarillo intenso se demuestran al final útiles o no para la apicultura siciliana, por el momento es una incógnita. Una notable autoridad de Roma expresó preocupación e importantes dudas sobre estas importaciones. Cerca de Randazzo no conseguí encontrar más que híbridos. Por las informaciones que poseo, parece ser así en toda la región norte oriental de la isla. No obstante, el fin principal de mi visita a Randazzo era poder tener una entrevista con el señor P.A. Vagliasindi, la máxima autoridad en el sector de la apicultura en Sicilia. Siguiendo sus indicaciones, nos dirigimos hacia la parte sur-occidental de Sicilia, hacia Noto y Ragusa. Es en esta región donde crece en abundancia el algarrobo (*Ceratonia siliqua*) y donde cada año, al término de esta floración, se unen una gran cantidad de colonias desde las colinas cercanas. Parece que el algarrobo es uno de los recursos de néctar más difundido. Los árboles, al momento de la visita, estaban abriendo las yemas, pero desafortunadamente la migración de los apicultores desde las colinas no había empezado aún. Por lo tanto, tuve la oportunidad de hacerme una mejor idea del arco de las variaciones de las características de las abejas sicilianas puras. En esta área he podido conseguir una pequeña cantidad de reinas sículas puras.

La siciliana es considerada una pariente estrecha de la abeja tunecina. Por lo que sé, todavía, la cuestión no se ha aclarado de manera definitiva. En el momento en el cual fui a Sicilia era aún complicado hacerme una idea precisa de las características generales de la abeja siciliana. Mi viaje había coincidido al término de la larga temporada de secano estival, y todavía no habían empezado las lluvias otoñales ni el flujo del algarrobo. Por esta razón las colonias, en términos de fuerza, se encontraban en condiciones de miseria. Prácticamente ninguna de las colmenas que observé presentaba cría reciente, y casi todas estaban al límite de sus reservas. Puedo concluir que la abeja siciliana tiene que poseer un gran vigor, y ser muy longeva: si no fuera así, no podría resistir a larga duración de carestía. Tiene la reputación de tener un mal temperamento; aun así, fui capaz de manejarlas sin protección alguna – al menos las colonias que examiné alrededor de Noto y Ragusa. Por otro lado, en la Sicilia central, me encontré con abejas verdaderamente agresivas. Se me ha asegurado que la abeja siciliana no es proclive al pillaje, hasta el punto de no saquear en absoluto – cosa que, si fuese verdaderamente así, sería un rasgo extremadamente apreciable. Solamente con un examen seguro de esta raza en nuestros apiarios notaríamos cual serían las verdaderas características de esta abeja, determinando así su utilidad general.

En muchas zonas de Sicilia la apicultura es conducida, hasta hoy, de manera bastante primitiva, probablemente como en su más remota antigüedad. Colmenas con cuadros movibles se encuentran por todos lados, pero la mayoría de las colonias están alojadas en "casas-apiarios", con cuadros fijos. El material con el cual se construyeron estas colmenas es madera, o, más frecuentemente, con troncos del hinojo gigante, Ferula thyrsifolia, del cual toman el nombre las colmenas en férula. Estos troncos tienen diámetros alrededor de una pulgada y media, y son extremadamente ligeros – ligeros como el corcho, y seguramente con una similar capacidad de aislamiento. Además de ser construidas en madera o férula, estas colmenas tienen un lado cuadrado alrededor de 10 pulgadas y una profundidad de 30, más o menos. Las dos extremidades están cerradas con un tablón bien encajado. El espacio ocupado por las abejas, en el momento que sea necesario, puede ser reducido empujando hacia adelante, hacia el centro de las colmenas, la tabla del lado posterior. Estas colmenas son invariablemente amontonadas en pilas, normalmente cinco, una encima de la otra, hasta veinte, formando así un único bloque. Un caseto abierto, construido con piedra y un tejado de tejas inclinadas, ofrece la protección necesaria contra el sol y la lluvia. Todas las operaciones son efectuadas en la parte delantera: las colmenas se deslizan adelante y atrás, según necesidad. Cuando es cosechada la miel, las abejas no son eliminadas, sino simplemente alejadas con el uso del humo hacia la pared. Las colmenas de caña son típicas de Sicilia – y, por lo que yo sé, no se encuentran en ninguna otra región de Europa.

La flora nectarífera en Sicilia es, sobre todo, subtropical. Los recursos principales son limoneros, naranjos y mandarinas, acacia, algarrobo y tomillo de montaña, junto a una gran cantidad de otras fuentes secundarias.

ALEMANIA

Mientras me dirigía hacia Austria, el 12 de abril la ruta me llevó a Lindau, que se encuentra en la orilla oriental del lago - Constancia. Aquí vive, en retiro forzado, una de las más grandes autoridades de la ciencia apícola de todo el mundo, el Profesor Armbruster, en su tiempo, director del Instituto de investigación apícola de la Universidad de Berlín-Dahlem, y director del famoso *Archiv für Bienenkunde*. He dicho "retiro forzado" porque fue obligado a dimitir por la dirección por causa de su posicionamiento en contra de las directivas nacionales, cuando Hitler tomó el poder en 1.933. El profesor Armbruster es una persona de altísima conciencia y un valiente defensor de la verdad. A diferencia de otros, tuvo la fuerza de carácter necesaria para hacer frente a las dimisiones y a la pobreza, en vez de negar los valores eternos y superiores de la vida.

Las personalidades de relieve en apicultura son relativamente pocas. Los científicos de muchos países han ofrecido aportes considerables en el progreso sobre los conocimientos en el sector apícola, pero sus descubrimientos en general son limitados a una esfera de investigación especializada. Con personalidad de relieve me refiero a hombres dotados de un dominio de las leyes fundamentales de la apicultura – hombres con grandes perspectivas y juicios, que son capaces de trazar un camino claro a través del conflicto entre las consideraciones puramente teóricas y los prejuicios, y que no se dejan desviar hacia estériles desiertos de la cultura apística seudocientífica. En la práctica de la apicultura comercial, considero a E. W. Alexander, de Delanson, USA, y R.F. Holterman, de Brantford, Canadá, como las personalidades que nos han dado las informaciones más valiosas. En el ámbito teórico y científico – especialmente sobre lo que concierne a la heredabilidad y la aplicación de las leyes de Mendel sobre la selección de la abeja melífera – son los escritos del Profesor Armbruster los que me han dado las mayores indicaciones e iluminaciones. Su *Bienenzüchungskunde*, publicado en 1.919, me ofreció la llave para seleccionar nuestras variedades. En el barullo de ideas y confusiones expresadas en la literatura alemana sobre este personaje, el profesor Armbruster ha dejado claramente un importante rayo de luz, indicando el recorrido a seguir para alcanzar los objetivos que me había marcado. Su objetivo y el mío en la selección eran el mismo: desarrollar una variedad que produzca *el máximo beneficio con el mínimo esfuerzo*. El afirma, como hago yo también, que este objetivo puede ser obtenido solamente con el cruce selectivo, o lo que es lo mismo, combinando en una variedad, en la medida en que esto sea posible, las características deseadas de las diferentes subespecies de cada región geográfica. La naturaleza no podrá nunca dar una combinación así, que podrá ser obtenida solamente gracias a la intervención directa del hombre. Soy perfectamente consciente de que estos puntos de vista y objetivos están en un conflicto evidente con las enseñanzas generalmente impartidas en Europa.

Además, por sus escritos como especialista, relacionados con la ciencia de la selección genética de las abejas, el Profesor Armbruster ha desarrollado un inestimable servicio a la apicultura de todo el mundo publicando su Archiv für Bienenkunde. El Archiv es el único periódico que se ocupa de todos los aspectos científicos relacionados con la cultura apícola. En sus páginas se afrontan también los problemas prácticos de la cotidianidad, pero de manera objetiva y desde un punto de vista altamente científico. En cada preposición expresada, nunca pierde de vista la aplicación estrictamente práctica, con sus implicaciones. El Profesor Armbruster es demasiado realista para llevar - por teorías abstractas. No obstante, para un lector que no tenga una particular predisposición científica, gran parte del material podría parecer incomprensible.

Nunca nadie había precedido al Profesor Armbruster. Por esta razón, encontrándome a un paso de Lindau, tuve la ocasión de hacerle una visita en persona. Enseguida, de manera generosa, me ofreció toda la ayuda que necesitaba. Durante el transcurso de mi trabajo en 1.950, le visité hasta en cuatro ocasiones, y de cada visita extraje valiosísima información. En la vez posterior que volví a Austria, me condujo en una exploración por las regiones limítrofes a Lindau, conocida como Allgäu. Esta región meridional de Alemania, en muchos aspectos, es bastante similar a Devon meridional – clima, precipitaciones y flora. Durante mi visita el diente de león había transformado las praderas en un manto dorado. La cosecha de este recurso a menudo es prodigiosa: se ha registrado el caso de una colonia que en un solo día recolectó un botín limpio de 16,5 libras. Esta es una prestación absolutamente delirante, considerando que estaba en la fase inicial de la temporada. El récord me lo confirmó el propio Profesor Armbruster. En tal ocasión, visité también una de las empresas apícolas más importantes de Alemania, la empresa Mack, de Illertissen. Esta empresa gestiona un millar de colonias y practica el nomadismo a larga escala. Las colmenas son transportadas en turnos a los lugares donde abundan frutas, dientes de león, frambuesas, pipirigallo, trébol blanco y erica. También la cercana selva de pinos ofrece una cosecha abundante, una miel más apreciada respecto a la obtenida de los recursos de néctar. Todas las colonias son alojadas en colmenas con paredes individuales, la caja donde está ubicado el nido contiene diez cuadros, cerca de las dimensiones de la British Standard. Al final de la temporada todas las colmenas son llevadas a su lugar de origen, y pasan el invierno en refugios construidos a propósito para ellas. Este manejo combina así las ventajas de ambos sistemas – la apicultura en campo durante la época de trabajo y la salida del invierno de las colmenas en los refugios de un apiario fijo. En Illertissen todas las variedades y razas europeas han sido testeadas en producción de miel, una cerca de la otra. Al final, la elegida es una particular variedad de cárnica, con la exclusión de todas las demás. Esta empresa gestiona también un apiario aislado en los Alpes bávaros, para conservar y garantizar la pureza de esta variedad. Esta empresa es, sin duda, la empresa comercial de este tipo más avanzada y de mayores éxitos en toda Alemania. Ha sido una revelación poder ver que la libre iniciativa, desvinculada de las tradiciones y prejuicios, ha conseguido alcanzar el éxito en un país donde el rendimiento medio por colonia es increíblemente bajo.

Por muchos aspectos, la cultura apícola en Alemania representa un enigma. En lo que concierne a la apicultura como ciencia, hasta el comienzo de la última guerra mundial, Alemania figuraba como cabeza de serie, y este hecho era universalmente reconocido por los científicos de todo el mundo. Pero en la esfera de la apicultura práctica se quedaba atrás respecto a la mayor parte de los países civilizados – si juzgamos a partir del producto neto ganado. La producción anual media por colonia es alrededor de 9 libras de miel extra. No consigo creer que la escasez de la flora nectarífera sea solamente la causa capaz de explicar un resultado así de modesto. En cierta medida, se puede considerar responsable también a la abeja indígena. Es un hecho que la abeja marrón de Europa central está ahora mismo en extinción. Han quedado verdaderamente pocas variedades de abejas auténticamente indígenas – como sigue ocurriendo ahora. La cárnica ha reemplazado a las abejas que estaban en uso hasta hace unos pocos años. Este recambio fue introducido empujado por razones y consideraciones puramente económicas: es un paso en la buena dirección, pero solamente un paso inicial. La cultura apícola en Alemania, desafortunadamente, está atada a tradiciones y prejuicios, mientras que está carente de ideas y amplitud de horizontes. Las consideraciones puramente teóricas han ahogado completamente las consideraciones prácticas. Un vistazo a un catálogo alemán de maquinarias muestra enseguida la impresionante mezcolanza de accesorios y herramientas – por no mencionar el enorme número de cuadros y colmenas de diferentes medidas - es evidente que, cuando se vuelven a utilizar medios similares en la producción de miel, también el mejor de los esfuerzos resulta inútil. En apicultura la perfección no se busca en la complejidad de las herramientas, sino en su sencillez y en la eliminación de todo lo que no es absolutamente esencial. Mi principal objetivo en Alemania era dirigirme a los estudios detallados de la cría de abeja en la manera en la que se realizaba en aquel país. Es necesario recordar que, fuera de los países de lengua alemana, sobre el argumento de mejora de la raza a través del control del apareamiento, raramente se pronuncia palabra alguna– cuando esto pasaba – desde algunos de nuestros periódicos, solamente en los últimos tiempos. De hecho, las estaciones de apareamiento en el continente están en funcionamiento desde hace más de medio siglo. El Doctor U. Kramer comenzó el *Die Rassenzucht der Schweizer Imker* (La selección de la raza por los apicultores suizos) en 1.898. El Doctor E. Zander introdujo este movimiento en Alemania. Desde entonces, eminentes científicos y apicultores de ambos países se han centrado en muchos problemas relacionados con la selección de las abejas. En el transcurso de los últimos cincuenta años era inevitable que se recogieran informaciones de gran valor, y es verdaderamente una pena que este gran cúmulo de experiencias e informaciones sobre un argumento tan importante no esté a la altura de la mayoría de los apicultores que no viven en ciudades de lengua alemana. Está claro que recoger el mayor número de informaciones posible ha sido parte integrante de mi objetivo. Por este fin, el presidente de la Imkerbund alemana, me hizo un inestimable favor predisponiendo una de mis visitas a los principales institutos de investigación de Erlangen, Frankfurt, Marburg, Celle y Freiberg.

Empezó mi tour con las visitas a los institutos de investigación alemanes el 16 de octubre. Erlangen, el más famoso de todos, fue mi primera etapa. Erlangen y Zander, en el mundo de la apicultura, son sinónimos: el Profesor Zander debe ser considerado el creador del Instituto de investigación de Erlangen, y el fundador del movimiento para la selección y la mejora de la abeja indígena en Alemania. Desde el punto de vista de la "negra", incorpora las mejores características que tiene que poseer una abeja alemana digna de este nombre. La "negra" varía de color del negro azabache al marrón. Zander ha buscado su abeja ideal en la variante más extrema, negro azabache, pero en esta dirección estaba destinado a encontrar muchas desilusiones. Sin embargo, Erlangen, a día de hoy, ha logrado una de las pocas fortalezas de la "negra" fuera de Suiza.

En las sucesivas etapas me acerqué a H. Gontarski, que conduce el Instituto de investigación apícola, conectado con la Universidad de Frankfurt. El señor Gontarski es uno de los investigadores más acreditados, y es bien conocido por sus brillantes estudios sobre el nosema. De Oberursel me trasladé a Marburg. En aquella época, el instituto estaba bajo la dirección de Docto. Dreher, también líder de la organización central del Imkerbund, la cual controla la selección de las abejas. El Doctor Dreher posee una gran experiencia práctica y un gran conocimiento científico de la selección, y sus ideas y sus artículos sobre este argumento son dignos de la máxima atención. Cada año a su instituto llegan un gran número de reinas, para ayudar a los apicultores a garantizar sus variedades puras.

Celle, que está situada donde comienzan los brezales de Lüneburg, fue mi siguiente etapa. Quien dirige el Instituto de Celle es el Doctor E. Wohlgemut, y el Doctor J. Evenius es el investigador responsable. También aquí, como en cualquier otro centro de investigación alemana, la máxima atención está enfocada a la mejora de la raza. Para asegurar el control absoluto y la pureza de la raza, el instituto de Celle gestiona una estación de apareamiento en una isla de la costa alemana del mar de Norte.

Con la excepción de Erlangen, en cada centro de investigación visitado en Alemania, la atención está dirigida sobre todo a la abeja cárnica. Todavía en Celle, para conducir experimentos comparativos, son criadas razas distintas: a la carniola le ponen al lado a la "negra" y una variedad de origen italiana. Para garantizar la fiabilidad de las comparaciones se mantienen 23 colonias de cada raza, en condiciones iguales, en un apiario separado destinado a este objetivo. En las estaciones de 1.948 y 1.949 las medias registradas (que incluyen el plus de las reservas invernales) expresadas en porcentaje fueron las siguientes: italiana 79,9%, "negra" 85,8%, cárnica 146,1%. La diferencia de los valores relativos es sustancial. Solamente con test comparativos de este tipo, conducidos durante una serie de años y en amplia medida es posible determinar con seguridad el valor efectivo de una raza o variedad. Verdaderamente sin dichos test y una continua verificación de la selección de las abejas sería imposible obtener progresos, pues sería trabajar a ciegas.

Como ya he comentado, la abeja indígena europea central está siendo sustituida por la cárnica rápidamente. En el Instituto Mayen, el Doctor Goetze trabajaba sobre una variedad nativa denominada "Hessen". El origen de esta variedad no se conoce; algunas de sus características me recuerdan a la vieja abeja inglesa. Pero también el Doctor Goetze actualmente está a favor de la cárnica. Las variedades comerciales más famosas de esta abeja son conocidas por los siguientes nombres: Peschetz, Sklenar y Troisek. Las tres son muy valoradas en Alemania.

CONCLUSIONES

Después de casi medio siglo de esfuerzos ininterrumpidos dedicados a la mejora de la abeja indígena, se produjo un recambio completo a favor de la abeja cárnica. El gran trabajo comenzado por el Doctor Kramer en 1.898 nunca ha perdido su vigor, pero los resultados netos alcanzados en los años transcurridos no han dejado lugar a dudas, titubeos o indecisiones. El *Koersystem,* aparecido durante la época nazi, parece dar por concluidas las variedades indígenas germánicas. Este sistema de selección (*Körung*) se basaba en la cuestión de que la presencia en la abeja de determinadas características fuese un infalible signo distintivo de su valor como productora de miel. Pero una selección conducida sobre la base de un set predeterminado de características exteriores, que no consideraba los test comparativos de sus colonias, estaba necesariamente destinado al fracaso. No obstante, estoy convencido de que no ha sido solamente el Koersystem el responsable de la decadencia de las variedades indígenas alemanas. Según nuestra experiencia, que se despliega por un periodo de veintiséis años de apareamiento controlado, el esquema ideado del Doctor Kramer estaba basado sobre una base demasiado restringida y sobre un gran número de suposiciones erróneas.

En el continente se continúa difundiendo que, en ningún caso, se debe usar para el apareamiento a una reina cuya colonia haya dado cosechas de excepcional abundancia, porque no se puede confiar en el hecho de que tales reinas trasmitan sus excepcionales capacidades de producir miel a su progenie. Las colonias que producen cosechas excepcionales son llamadas *Blender* – colmenas que deslumbran con sus brillantes prestaciones; las cuales se basan en la heredabilidad; y no solamente por circunstancias afortunadas. Por tales razones, las madres de dichas colonias, cuando son utilizadas como reproductoras, no pueden más que llevar al fracaso y a la desilusión. Por el contrario, se da gran valor a las prestaciones mediocres. En este predicamento habría sin duda un punto de verdad; las cosechas excepcionales pueden ser puramente accidentales, o pueden ser el resultado de apareamientos cruzados de los cuales, en el aspecto externo de las abejas, no se nota ninguna evidencia. Todavía, uno de los axiomas en la selección de las abejas, es que cuando se trabaja con variedad de raza pura "el símil genera el símil". La genética moderna enseña que, en el caso de los organismos que se reproducen sexualmente, es bastante difícil encontrar un ejemplo de uniformidad sexual. Tienen, pues, que haber algunas variaciones, ya sea - seleccionados de una colonia mediocre o sea de una excepción. En cualquier caso, con la constante eliminación de las prestaciones excepcionales no es posible cumplir ningún progreso real en la selección. Para alcanzar de forma segura un progreso, es de máxima importancia que cada año se utilicen como reproductoras un determinado número de reinas, por dos razones: no hay manera de adivinar con antelación entre un número determinado de reinas de altas prestaciones, (sólo en los hechos se revelará la mejor reproductora); y, en segundo lugar, cuando se utiliza un determinado número de reproductoras, se pueden conducir test comparativos sobre su progenie, en los cuales los resultados objetivos alcanzados serán la única manera para esclarecer la cuestión. Sin estos continuos test comparativos, la selección de las abejas es un juego sin esperanza.

La misma verdad vale también para el manejo utilizado en las estaciones de reproducciones, y qué colonias de zánganos serán utilizadas en el continente.

Tampoco en este caso hay ninguna seguridad sobre qué colonia o reina proporcionará los zánganos mejores. Si se comete algún error en la elección, el daño causado es irreversible. Por esta razón, en nuestro apiario en aislamiento, mantenemos un mínimo de tres o cuatro colonias para los zánganos. Las reinas que guían estas colonias tienen que ser necesariamente hermanas, seleccionadas entre un número de cien o doscientas colmenas. Las cuatro reinas hermanas, desde el punto de vista de las probabilidades, nunca serán absolutamente iguales entre ellas. Como consecuencia, en la progenie femenina de estas cuatro líneas de zánganos, estará garantizada nuevamente una más amplia variedad y una más amplia selección. Además, ya que los zánganos que fecundarán en vuelo serán cuatro veces más numerosos, estará garantizado un apareamiento más fiable y rápido respecto a su marcada presencia.

El valor de las estaciones de apareamiento, como están gestionadas en Austria, Alemania y Suiza, en el momento presente son cuestionables y se encuentran en discusión desde muchas de las más importantes autoridades del continente. Después de cincuenta años de esfuerzo sin interrupciones ha tenido lugar, en vez de una mejora, un empeoramiento de la raza. Espero que las sugerencias que expresé puedan servir para encontrar las soluciones a algunos de los problemas que han anulado años y años de esfuerzos. Podrá, quizás, parecer presuntuoso por mi parte exponer estas sugerencias: sin embargo, he atravesado la gama completa de dificultades sobre la gestión de un apiario en aislamiento, y somos capaces de registrar progresos, porque nuestros métodos son completamente diferentes respecto a aquellos utilizados en el continente.

En la selección controlada de las abejas en el continente se han cometido algunos errores – y se ha pagado un alto precio. No obstante, ha sido recopilada una extensa experiencia práctica y conocimientos de gran valor, y todo el mundo puede obtener grandes ventajas de estas experiencias.

1.952 Argelia, Israel, Jordania, Siria, Líbano, Chipre, Grecia, Creta, Yugoslavia, Eslovenia, Alpes ligures

El 19 de febrero de 1.952 el Hermano Adam comenzó su viaje más difícil, no solamente por las distancias recorridas y por el número de países visitados, sino también porque desde el principio tuvo que improvisar continuamente. Su primer objetivo era el Norte de África, pero a causa de las tensiones políticas que dominaban en aquel momento tuvo que restringir su investigación a Argelia y a algunos de los oasis que comprenden aquel país. A principios de abril prosiguió en barco hacia Israel, y desde allí continuó hacia Jordania, Siria, Líbano y Chipre. A comienzos de junio dejó Chipre para llegar a Atenas y desde allí exploró Ática, el Peloponeso y también Creta. Finalmente, desde Patras, pasando por Artá, Loánina y Metzowon, en el corazón del Pindo, alcanzó Vería, Édessa y Salónica. Después de investigar en la Grecia septentrional partió a Yugoslavia, y cruzando por Macedonia, Serbia y Croacia, llegó a Eslovenia y la patria de la abeja cárnica. En las provincias austríacas limítrofes de Carintia y Estiria recogió ulteriores muestras antes acercarse, una vez más, en los Alpes Ligures. El 20 de septiembre volvió a Inglaterra pasando por Havre.

NORTE DE ÁFRICA: ARGELIA

La abeja indígena del Norte de África es conocida por una serie de nombres diferentes. Los naturalistas la llaman *Apis mellifera unicolor* var. *Intermissa.* El zoólogo H. von Buttel – Reepen le dio una segunda denominación intermedia porque pensaba que se trataba de una especie entre abeja negra de un segundo color del Madagascar y la subespecie *lehzeni* de Alemania noroccidental y de Escandinavia. Que esto sea una certeza lo establecerán las sucesivas investigaciones. Sin embargo, desde 1.906, la raza es conocida en la literatura científica como *intermissa.*

El estadounidense Frank Benton visitó Túnez en 1.883 para verificar la existencia de aquellas abejas que vivían en esta parte del mundo.

Ferula thyrsifolia y asphodelus, a lo largo de la carretera.

Argelia.

Un apiario árabe con colmenas de férula en el altiplano de
Sig Oran.

Un clásico ejemplo del extremo nerviosismo de la abeja
telana.

Una colmena de férula con una colonia de
abejas telanas.

Aquí recogió algunas reinas, y llamó a esta nueva variedad "abeja tunecina", sin verificar si esta abeja estaba únicamente difundida en Túnez. Poco después, John Hewitt visitó el mismo país e introdujo a los apicultores ingleses al conocimiento de la abeja africana, dándole el nombre de "abeja púnica". En el norte de África esta abeja es comúnmente conocida como "abeja araba".

La distribución de esta raza en su forma más típica se limita a las regiones del Norte de África, comprendidas entre el desierto Líbico al Este, el Sáhara al Sur, el Océano Atlántico al Oeste y el Mediterráneo al Norte. Se encuentran aisladas en todo su perímetro por barreras insuperables para una abeja. Obviamente su hábitat originario no está limitado a Túnez: esta abeja está presente también en Trípoli, Argelia y Marruecos. Su centro principal de difusión es sin duda el altiplano, conocido por los árabes como *tell*: el nombre "abeja telana", sugerido por primera vez por Ph. J. Baldensberger, parecía ser, pues, el más apropiado.

De forma bastante sorprendente, la literatura de referencia proporciona sobre las características de esta abeja apenas escasos detalles, y la información que ofrece es esencialmente despectiva. Esforzándome por obtener algunos conocimientos de esta raza en primera persona, hace alrededor de treinta años intenté, sin éxito, importar algunas reinas directamente desde el Norte de África. Además, gracias a las informaciones recogidas durante mi primer viaje en 1.950 al sur de Francia y Sicilia, guardaba grandes esperanzas sobre el uso de la abeja telana en la selección cruzada. Cuando me reencontré en el interior de su hábitat originario se confirmaron estas expectativas, que desde entonces han sido ulteriormente avaladas por la información revelada en nuestros apiarios en 1.953. La investigación biométrica conducida por el Docto. Ruttner con material conseguido por él mismo, ha corroborado mis ideas sobre el valor de esta raza para la selección cruzada. Según sus resultados, la abeja telana posee todas las características externas notables de las razas de abeja melífera de Europa.

Cuando volvimos a viajar, a finales de febrero, prácticamente en cualquier lugar reinaban condiciones atmosféricas invernales. Sería difícil imaginar un contraste y una transformación más violenta que aquella que encontré al poner los pies en Argelia: la floración del naranjo estaba bastante avanzada, estaban en plena floración muchos eucaliptos – y, de hecho, había una profusión de flores tal que es difícil describir, en jardines, en los campos, en los bosques y en los brezales silvestres, en las colinas y en el desierto. La enjambrazón estaba en pleno curso y el flujo principal, completamente accesible.

El profesor A. Sturer nos esperaba en el embarcadero de Argel junto al señor Paradeau, uno de los apicultores profesionales más actualizados y con mayor éxito de todo el Norte de África. Los preparativos que había desarrollado en los precedentes meses, junto a su profundo conocimiento de las condiciones locales, nos permitieron explorar Argelia más a fondo y mucho más rápido de lo que creía posible. Nos pusimos en seguida a trabajar, pocas horas después de llegar.

En rápida sucesión, visitamos una serie de apiarios en cada una de las áreas – en los valles aislados, entre picos nevados de la cordillera del Djurdjura, a lo largo de la costa del Mediterráneo, en los altiplanos despoblados encajados entre el Atlas y el Sáhara, al extremo del límite del desierto y en el corazón del mismo. Visitamos un gran número de colmenares comerciales: éstos se encuentran principalmente en la fértil región entre los montes del

Atlas y el Mediterráneo, donde se encuentran cítricos interminables. Nuestra investigación más importante se desarrolló – en los apiarios más tradicionales en las partes más recónditas del país, donde, a causa de las circunstancias, la abeja telana había conservado su máxima uniformidad y pureza.

La apicultura extensiva y el uso de los equipos modernos son exclusivos, sobre todo, para la población francesa, mientras que los apicultores comerciales más actualizados hacen uso de los híbridos con la italiana. Las colmenas son del modelo Dadant o Langstroth. Los inmensos cítricos (prevalentemente naranjos) proporcionan el recurso principal de néctar. En los años favorables y con un buen manejo se obtienen cosechas extraordinarias. Cosechas de todo tipo, se obtienen también del eucalipto, romero, lavanda, tomillo y una serie de floraciones secundarias: los apicultores profesionales practican a menudo el nomadismo.

Paisaje pastoral en el margen del desierto.

Sáhara: Laghouat

Laghouat. Una colonia de abejas telanas enterrada debajo de un montón de hierba médica para protegerla del sol abrasador.

Una colmena de férula completamente cubierta con una capa de barro, la protección más utilizada.

La apicultura practicada por la población local es del tipo más sencillo y primitivo que se pueda imaginar. En toda Argelia nunca nos hemos encontrado otros tipos de colmenas tradicionales que no fuesen las construidas con cañas. La *Ferula thyrsiflora* crece en cualquier lugar en abundancia, y con gigantescas dimensiones. Esta misma proporciona el material más económico para las colmenas: el tallo maduro de la férula se puede recoger en otoño, y una colmena completa llega a costar alrededor de 75 francos. Durante nuestros viajes, a menudo hemos encontrado camellos y burros cargados de estas colmenas en su camino a un mercado. A pesar de esta manera auténtica de hacer apicultura, las cosechas conseguidas por los apicultores arabos no son muy inferiores respecto a las obtenidas en algunos países europeos con herramientas modernas y métodos avanzados. Al prescindir de los costes iniciales de la colmena de férula, estos arabos no afrontan ningún coste para producir miel.

En Sicilia, donde igualmente se utilizan las colmenas de férula, se usan algunas protecciones contra el sol y la lluvia: las colmenas están ordenadas en pilas de cuatro o cinco, una sobre otra, hasta veinte pilas una a lado de la otra, y la construcción completa forma un bloque enorme de colmenas. Encima de éste, un cobertizo abierto proporciona una buena protección contra la temperatura excesiva y la lluvia torrencial. En los apiarios arabos no existen estas protecciones, ni tampoco otros básicos cuidados. Normalmente las colmenas de férula están distribuidas en el suelo en un estado de descuidado abandono: a menudo están disgregadas. Por tanto, expuestas a los elementos atmosféricos, las abejas están obligadas a prosperar o morir. De todas formas, no solamente tienen que resistir a temperaturas extremas y a las lluvias torrenciales en invierno, también tienen que defenderse de una gran cantidad de enemigos, quizás las que más de todo el mundo. En el curso de los siglos, en lugares de este tipo, la naturaleza ha modelado a la abeja telana que conocemos hoy en día. Pero como pasa muchas veces, cuando son localizadas algunas cualidades superiores, son estas mismas la causa directa de algunos de sus graves defectos.

Con una unanimidad casi dominante, cualquier trabajo de referencia que he podido verificar atribuye a la abeja telana una mención de demérito. El valor y las indicaciones generales pueden ser resumidas de esta manera: "una raza inferior en casi todos los aspectos, no debería – ser nunca importada a ningún país". Sin embargo, desde que Frank Benton recogió las primeras reinas en Túnez, han pasado más de setenta años y, como pasa a menudo, lo que estaba descartado hace tiempo por ser de poco valor - gracias al incremento del conocimiento– en seguida pasa a considerarse de extrema importancia. Reconozco que la abeja telana no tiene ningún valor para el apicultor aficionado. Pero me parece que hay pocas dudas sobre el hecho de que es una raza más preciada para el cruce selectivo. Su intrínseca utilidad para este objetivo está ampliamente determinada por la atención del seleccionador, la variedad para criar y – con igual importancia – por el cuidado que se presta posteriormente en la labor de criar los cruces, con el fin de sacar a la luz las mejores cualidades de la raza.

La abeja telana pura es de color negro – azabache – quizás más aún que la "negra" originaria de Suiza. Su color negro es acentuado gracias a su exigua pelusilla y vello.

Es quizás ligeramente más grande que su prima cercana, el *Apis mellifera* var. *sicula*. Ambas son negras azabaches, largas y esbeltas y muy puntiagudas – muy distintas en su aspecto a las rechonchas reinas italianas o de las pesadas cárnicas. Reinas y abejas tienen movimientos rápidos, y cuando son manejadas pueden volverse extremadamente nerviosas. En realidad, cuando se abre una colmena, las abejas están listas para "enfadarse" y "bullir frenéticamente" sobre la cría de manera alarmante. Pero si se dejan pasar algunos minutos y se les da la posibilidad de tranquilizarse, en seguida se dejarán manejar con la misma mansedumbre que cualquier otra raza de abeja del Norte de Europa. Pueden tener un mal carácter, pero no peor que la abeja negra del Sur de Francia, la cual en este país era costumbre importar a gran escala. Aunque en nuestras búsquedas nos hemos encontrado con algunas abejas telanas de temperamento verdaderamente agresivo, al mismo tiempo hemos descubierto algunas variedades que podían ser manejadas con la máxima tranquilidad. A mi juicio, los más serios defectos de la telana son: 1. Extrema tendencia a la enjambrazón; 2. Vulnerabilidad extrema a las enfermedades de la cría, 3. Uso excesivo del propóleo, 4. Opérculos acuosos. Estos defectos están compensados con excepcional vigor, fecundidad y fuerza para conseguir provisiones.

La extrema tendencia a la enjambrazón de la telana es, sin duda, un efecto directo de sus increíbles dotes de vigor y fecundidad.

La acentuada e innata vulnerabilidad a las enfermedades de la cría es un defecto común a casi todas las variedades de la común abeja oscura europea, en particular la francesa. Este defecto, todavía, está más marcado en la telana que en la francesa. De hecho, hay una estrecha parentela entre estas dos subespecies – por ejemplo, el uso excesivo de propóleo. En cualquier característica (con la excepción de los opérculos) se puede rastrear una relación muy estrecha, aunque las cualidades están más pronunciadas en la telana.

La prolificidad de la telana es considerable. Pero la fertilidad no es una ventaja sino se equilibra con un alto grado de vigor, y en esta última cualidad la telana supera a cualquier otra subespecie. Además, el vigor es la fuente de toda una serie de rasgos deseables, como longevidad, resistencia, potencia alar, etcétera. Las observaciones hechas en 1.953 me han llevado a creer que la telana es la abeja con la vida más larga. He notado también que es activa bajo temperaturas en las que ninguna otra abeja de miel se atrevería a salir, ni siquiera la cárnica. Como ya he indicado, la telana, en su hábitat originario, no solo tiene que superar situaciones climáticas extremas, sino también debe resistir a los daños producidos por innumerables enemigos. El gran escarabajo negro del polen, *Cetonia opaca*, desconocido en el Norte de Europa, es una amenaza siempre presente y, si consigue la manera de introducirse en la colmena, crea una confusión entre los panales. Las abejas, frente a esta desventura, parecen más bien indefensas. Están igualmente privadas de defensas contra el voraz devorador de abejas de las mejillas azules, el *Merops superciliosus,* uno de los pájaros más bonitos del mundo, pero enemigo mortal de las abejas. Este animal prospera alimentándose de abejas, aunque ocasionalmente incluye en su dieta a las avispas. La pérdida de abejas es notable, porque el abejaruco malgache no vive solo sino en bandada, pudiendo alcanzar los cien ejemplares. Se ha calculado que una bandada de esta dimensión se alimenta en un día alrededor de una libra de abejas. Este devorador de abejas es una amenaza estacional, porque en septiembre migra a Cabo de Buena Esperanza y vuelve a aparecer en marzo. La avispa oriental, en el África septentrional, está presente con su plena fuerza: pero es la hormiga ciega (*Dorylus fulvus*) la que podría considerarse el enemigo más pérfido. Este insecto se abre camino en la colmena inadvertidamente, mordisqueando un agujero en el eje del fondo, y, antes de que el apicultor se dé cuenta de que algo va mal, la colmena está muerta y el agresor desaparecido. Lagartos y sapos están siempre cerca de los apiarios. Cuando se levanta el techo de una colmena no es raro encontrarse un grupo de lagartos que desaparecen rápidamente. La polilla de la cera es un serio problema en todos los países subtropicales; una colonia que no sepa resistir, y que no consiga mantener su fuerza durante los meses estivales, tiene pocas posibilidades de salvarse de los ataques y daños que ésta causa.

A menudo se afirma que, en las colonias de telana, la producción por partenogénesis de hembra sin padre es un fenómeno común. Yo, hasta ahora, no he encontrado ninguna prueba evidente que sostenga esta opinión.

Mi investigación en Argelia no habría podido ser completada sin la exploración de algún oasis del Sáhara; habría perdido una de las mejores ocasiones ofrecidas por la naturaleza para estudiar el efecto de una selección endogámica sobre las abejas a lo largo de muchos siglos. Además, era muy verosímil que, en aislamiento absoluto y en las severidades de un oasis, se pudiera encontrar una variedad de abeja del tipo requerido para la selección cruzada. Aunque el tiempo del que disponía llegaba a su final, decidí visitar Laghouat, Gardaya, Bou Saâda y quizás, si era posible, algunos oasis menos conocidos a lo largo del recorrido.

Desde que llegué al Norte de África he visto una gran cantidad de la increíble flora de Argelia: blancos-rosáceos asfódelos, grandes extensiones de un color anaranjado de la caléndula local, *Calendula algeriensis*: *Oxalis corniculada rubra* e *variabilis,* en gran cantidad; enormes montones de las blancas y brillantes *Erica arborea;* el tomillo, de color malva, azul y púrpura. Quizás en las áreas de los matorrales originarios a lo largo de las costas del Mediterráneo conviene coleccionar las flores y arbustos más fascinantes que existen. En esta vegetación subtropical los recursos importantes de néctar son el romero y la lavanda, *Lavendula stacchus,* que aquí prosperan con una abundancia difícilmente vista en otro lugar. Pero en nuestro recorrido hacia sur, en el Sáhara, hemos encontrado una variedad de flores silvestres completamente diferente: el desierto en flor, en su plena y al mismo tiempo efímera gloria primaveral – una abundante alfombra de flores del desierto, que se extienden hasta el horizonte en cada dirección. El aire estaba cálido del dulce perfume de la miel, y el tráfico de los insectos daba la impresión de un gran número de enjambres que corrían de un lado a otro, por encima de nuestras cabezas. Entre esta multitud tan ocupada no encontramos abejas de la miel. En estas regiones desoladas, después del brillante pero corto periodo primaveral, no podían sobrevivir.

En Laghouat he encontrado alrededor de cincuenta colonias de abejas, propiedad de tres apicultores, uno era cristiano, el segundo judío y el tercero mahometano. En las colmenas del dueño cristiano, las abejas estaban en colmenas modernas, y cuidadas de manera meticulosa y con la puntillosa diligencia de un aficionado. En el colmenar de propiedad del judío, encontré un montón de colmenas diferentes, de distintos tamaños y medidas, colgadas entre las ramas de los árboles de tangerinos; estas colmenas contenían enjambres de reciente formación. En la base de estas colmenas se podían recoger docenas de reinas vírgenes muertas. El tercer apicultor, un oficial arabo de las fuerzas de las colonias francesas jubilado, nos concedió amablemente visitar el rincón del jardín que albergaba su apiario, pero solamente después haber concluido convenientemente las tradiciones y formalidades. Su apiario estaba constituido de colmenas hechas con férula, con formas y tamaños usuales, con la excepción de que estas colmenas estaban cubiertas completamente de barro. El viejo árabe nos indicó orgullosamente una colmena, escondida debajo de un montón de alfalfa, que el año pasado le había dado siete enjambres. Al final de la época de enjambrazón le habían quedados alrededor de doscientas o trecientas abejas. Sin embargo, aquellas mini colonias habían sobrevivido, y habían rellenado la colmena con nuevos panales de cera, cría y miel – lista para responder nuevamente al instinto de colonización. La endogamia- quizás desde tiempos inmemorables- en este caso no había tenido ningún efecto sobre la vitalidad de la cría y su vigor sobre las abejas. De hecho, ha sido en Laghouat donde hemos encontrado las variedades más resistentes de telana pura, capaz de cubrir veinte cuadros Dadant en marzo. Encontré que las abejas de estos oasis tenían un temperamento notablemente bueno, aunque durante mi visita se estaba formando una violenta tormenta de arena. A causa de la fuerza de esta tormenta no tuvimos ninguna posibilidad para adentrarnos más en el Sáhara. Tuve que volver atrás, y también el viaje hacia el Norte, a Bou-Saâda, se demostró una aventura llena de riesgos. El calor extremo, junto al viento de siroco, acentuado aún más por la dificultad de individuar el recorrido en el desierto, nos llevó a un paso del fracaso, dado que durante muchos kilómetros no encontramos agua para reaprovisionar el radiator del coche. No obstante, aunque en los siguientes meses conseguí aguantar temperaturas extremas e inconvenientes de varios tipos, nunca pueden ser comparados con el sufrimiento que me tocó vivir en el viaje desde Laghouat hasta Bou-Saâda. Alcancé Argel el 30 de marzo, y al día siguiente partí hacia Marsella, donde me embarqué nuevamente el 2 de abril con dirección a Israel.

He evitado una descripción detallada de las características menos evidentes de la abeja telana, porque mis investigaciones aún no han llegado a su fin. Aun así, todos los resultados que he obtenido hasta ahora indican que la telana es una subespecie primaria, y que numerosas variedades de abejas marrones y negras – al menos aquellas de Europa occidental – han evolucionado en el transcurso del tiempo desde la propia telana.

ISRAEL

Después de siete días muy desagradables, el 8 de abril llegué a Palestina – la tierra donde fluye leche y miel. Pasé la noche en el monte Carmel, y durante el viaje por Tel Aviv, el día siguiente, la Tierra Santa se me demostró en toda su gloria primaveral. Me dijeron que la extraordinaria profusión de flores silvestres que veía nunca se había presenciado desde hacía medio siglo; esto se debía a una lluvia excepcionalmente abundante durante el invierno precedente.

El recorrido hasta Tel Aviv me llevó a través de regiones más fértiles que Israel, la llanura de Sharón, que se distribuye hacia el sur del monte Carmel. Un cinturón de cítricos, con una anchura de alrededor de veinte millas, se extendía a lo largo de la carretera hasta Jaffa y más allá. El cultivo estaba en plena floración y el intenso perfume de la flor del naranjo inundaba los campos. Me dijeron que el flujo nectarífero había casi alcanzado su máxima intensidad, y que los apicultores estaban ya ocupados con la extracción.

En el Ministerio de Agricultura de Tel Aviv me presentaron al señor D. Ardi, el funcionario gobernativo encargado de seguir la apicultura. Delineamos rápidamente un programa para investigar el territorio de Israel, y se decidió que Ardi sería mi guía. Quiero expresar mi agradecimiento hacia él, por su ayuda y cortesía.

En cualquier lugar se podía captar el progreso dinámico de este país de reciente formación. Los problemas económicos eran resueltos de la forma más directa y eficaz posible. Quizás, el ejemplo más notable ha sido la intervención directa por parte del Ministerio Israelí de Agricultura para dar a los apicultores de todo el país variedades para la selección de la máxima calidad. La variedad para la producción es criada en las estaciones de apareamientos propiedad del gobierno, y la más importante es Hefzebah, cerca de donde apareció la antigua Cesárea. Por ley, en el radio de tres millas de esta estación de apareamientos no es posible criar otras abejas. De Hefzebah vienen enviadas variedades de reproducción de una variedad italiana particularmente seleccionada; antes de ser universalmente adoptada esta variedad, fue severamente testeada por un periodo de algunos años en las condiciones climatológicas de Israel, comparadas con otras variedades de distinta procedencia. A través de este procedimiento, el Gobierno de Israel asiste a los operarios de la manera más eficiente posible.

Tal vez podría afirmarse que Israel posee una raza de abeja local, pero investigaciones más profundizadas han demostrado que no hay una diferencia precisa entre las abejas encontradas en Líbano, Siria y Palestina. Las ligeras variaciones no son garantía suficiente para clasificarlas a parte. Desde el punto de vista geográfico, Israel es parte de Siria, y no hay barreras naturales que, en el caso de haber más de una raza indígena, pudieran impedir la mezcolanza.

La abeja siria, *Apis mellifera* var. *syriaca,* es muy parecida a la chipriota; las dos subespecies, aunque estrechamente emparentadas, son más bien distintas.

La abeja siria es más pequeña, y presenta algunos defectos respecto de la chipriota de forma amplificada – particularmente el temperamento. A mi juicio, el carácter de la siria anula cualquier valor práctico que esta subespecie pudiera poseer, aunque – a diferencia de algunas razas europeas – ella no ataca sino es molestada. La apicultura tradicional es capaz de gestionar esta abeja porque, además de cosechar anualmente la miel al final de campaña (cuando la fuerza de la colonia está reducida al mínimo), ella no necesita ninguna intervención. Pero las manipulaciones requeridas por la apicultura moderna no parecen ser aplicables a las colonias sirias. Además, las colonias en miniatura más pequeñas que cubren solamente pocos cuadros, no toleran ninguna molestia, como he podido verificar con mi experiencia. Un enjambre de abeja enfurecida se lanza a perseguir a cualquier ser vivo que se encuentre alrededor. Esta costumbre de atacar en masa y desde gran distancia de la colmena es un rasgo verdaderamente peligroso. Lo encontramos también en la abeja telana, la chipriota y en algunas variedades francesas, pero a un nivel bastante inferior.

La abeja siria pura es una abeja elegante. El abdomen es muy puntiagudo, y los primeros tres segmentos dorsales son de un amarillo limón claro. La pelusilla y los vellos superiores tienen un reflejo argentado, mientras el escutelo es de color limón brillante. La fecundidad de las reinas sirias es prodigiosa – incluso excesiva. Las abejas son buenas pecoreadoras, y tienen un gran vigor. Todavía tienen una exagerada tendencia a enjambrar, y, cuando una colonia está en fiebre de enjambrazón, construye un enorme número de celdas reales, a menudo incluso el centenar. Una de las buenas cualidades a menudo observada en las sirias es la intrépida defensa de su casa.

La verdadera siria se distingue de otras razas por el aspecto y por las características biológicas. Encontrar colonias sirianas puras ahora mismo no es fácil.

En el mismo Israel se pueden encontrar, quizás, en la Galilea superior, en la región entre el lago Hula y Metula. En la zona de Jordania son más comunes. Pero en el norte del Líbano y en Siria se puede claramente distinguir la influencia de la abeja anatoliaca. De hecho, también en las colonias inmediatamente al norte de Beirut hay una notable variación. En Israel prevalecen por todas partes los híbridos, también por los enormes esfuerzos para sustituir a la abeja indígena.

Hay algunos apicultores israelitas que consideran la introducción de las abejas italianas un grave error. También en Israel, como en muchos otros países, son defendidos los escasos comentarios a favor de las abejas indígenas. Nosotros realizamos una visita a uno de los partidarios de la abeja siria - para demostrarnos su docilidad. Yo me marché sin estar del todo convencido. Según mi opinión, la abeja siria no posee ninguna de las cualidades que podría rehabilitarla, y hacer enmienda de su irascibilidad. Aunque a menudo – me – aseguraron que existen variedades realmente mansas, en mis visitas nunca las encontré. Entrando en los apiarios donde las sirias estaban alojadas en colmenas modernas, nos encontrábamos inmediatamente en frente a una legión de abejas enfadadas y ruidosas, y que perseguían a lo largo de considerables distancias a cualquiera que se alejase del apiario. Esta extrema amenaza alguna vez ha sido considerada como altamente deseable: uno de los apicultores árabes más hábiles me aseguró que solamente podía cosechar miel gracias a que el temperamento de sus abejas impedía a los desconocidos acercarse a ellas.

En 1.952 Israel poseía alrededor de 33.000 colonias de abejas, y se estaban haciendo grandes esfuerzos para duplicar este número en pocos años. El material necesario es importado de América. Se utiliza exclusivamente la colmena Langstroth, y para asegurar la economía y la simplicidad de la gestión, se utilizan las alzas del mismo tamaño de la cámara de cría. Las colmenas tradicionales se pueden encontrar solamente en los pueblos árabes aislados.

La apicultura comercial está eminentemente limitada a los asentamientos cooperativos comunales, o *kibutz*. Algunos de estos gestionan hasta 1.000 colonias. La escasez de leña, el alto coste de las colmenas importadas y las generales condiciones económicas impiden cualquier forma de apicultura desorganizada. La principal cosecha de miel proviene de la floración de naranjo que rinde hasta 20-30 kg de miel por colonia. Al final de abril o comienzos de mayo, las colmenas son trasladadas desde los cítricos de la costa hasta las colinas y montañas de Galilea, para poder hacer una segunda cosecha de milflores, entre los cuales la acacia, cactus, lavanda, zanahoria silvestre, salvia, tomillo y grandes variedades de cardos. La segunda floración proporciona de media por cada colonia 20-30 kg de miel. La apicultura comercial en Palestina tiene, sin duda, un futuro prometedor.

Como se podría esperar, la cosecha de miel en los países orientales depende en gran medida de las precipitaciones durante los cortos meses invernales. Esto vale para las flores de naranjo, pero aún más para la cosecha de milflores. Las esperanzas despertadas de las lluvias abundantes tal vez pueden ser al final del todo, barridas por el ardiente *Khamsin* (viento caliente del desierto). Esto es lo que ocurrió en 1.952: todos los países del Medio Oriente habían tenido lluvias excepcionalmente abundantes en el invierno anterior, y los críticos estaban cargados de una cantidad ingente de capullos. Pero cuando la secreción de néctar había alcanzado la máxima intensidad, el cálido khamsin del desierto, en pocas horas, hizo que se secaran todas las flores. En lugar de una cosecha excepcional, las colmenas alcanzaron solamente 6 kg cada una – la media más baja registrada en los últimos diez años. Sin embargo, las flores silvestres en las colinas y montañas no se ven afectadas, y aseguraron una cosecha excepcional.

Desde la mitad de julio hasta noviembre, cuando empieza la temporada de la lluvia, no hay néctar ni polen: en este periodo la colonia, para sobrevivir, tiene además que luchar contra avispas y contra la polilla de la cera. Esta batalla es dura: antes las colonias son debilitadas por las avispas, y luego la polilla termina con ellas. A pesar de todos los esfuerzos hechos por los apicultores para combatir a las avispas con cebos envenenados y destruyendo los nidos, la pérdida de las colonias cada año se acerca al diez por ciento – en algunas estaciones llega incluso al treinta por ciento. Algunos apicultores se han visto obligados a trasladar colmenares enteros a áreas menos infestadas de avispas.

La lluvia y el frío de noviembre llevan a concluir la ardua batalla entre las abejas y sus enemigos y, con el comienzo de las lluvias, para las abejas empieza una nueva inyección de vida. En las regiones marítimas el algarrobo (*Ceratonia siliqua*) y el níspero de japón (*Eriobothrya japónica*), cuando el tiempo es propicio, ponen a disposición polen y néctar en abundancia. En las regiones más elevadas las condiciones climatológicas adversas, aunque cortas, no son infrecuentes: Sin embargo, el inverno para el apicultor no presenta particulares problemas.

Hace años había podido aprender mucho sobre la abeja siria, gracias a la amabilidad del fraile Maurus Massé, el cual, durante su estancia en el monasterio de Abou-Gosh, intentó obtener el máximo de esta subespecie. Tuvo poco éxito, sus esfuerzos condujeron a una recompensa bastante mísera; hoy en día, no me sorprende su fracaso.

Israel: colmena de terracota cerca del pueblo de Abu Gosh: se utilizan también en Jordania y Líbano.

Cerca del lago Genazareth.

Jordania: un inusual tipo de refugio, cerca de Belén. Las colmenas de arcilla cocida al sol, comúnmente utilizadas por los árabes, son muy resistentes y espaciosas.

Líbano: aquí se utilizan normalmente las colmenas de mimbre.

Israel.

Jordania.

Líbano.

Una colmena araba de arcilla cocida al sol.

JORDANIA

El 19 de abril crucé el límite con Jordania, directo a nuestro monasterio (benedictino) de St. Benoit en el monte Oliveto. Este se encuentra al sureste de Jerusalén, y ofrece una visión completa de la vieja ciudad y del área del Templo. Hasta una época relativamente reciente, en el monasterio eran criadas abejas sirias en colmenas modernas, pero sin gran éxito.

Los árabes tienen una gran fe en sus abejas indígenas. Se me ha asegurado continuamente que existen dos variedades distintas de abejas indígenas, de las cuales una construye panales en forma de luna y la otra en forma de ola encrespada. Afirman también que la primera tenía un buen temperamento, pero corta vida, y que era una mala pecoreadora. La segunda variedad tenía un mal temperamento, pero vivía mucho y era una excelente pecoreadora. Desafortunadamente, esta diferenciación no se examinó de manera más detallada. Sin recurrir a la similitud con la oriental, un enjambre secundario acogido por una colmena cilíndrica de arcilla construirá los panales de manera paralela a la entrada, y con la forma más o menos perfecta de un círculo. Por otro lado, un enjambre primario ocupará en seguida la mayor parte del cilindro, construyendo panales y ángulos rectos respecto a la entrada.

Un enjambre secundario tiene pocas posibilidades de salvarse de los daños producidos por las avispas o la polilla de la cera, por lo que, a los ojos de los novatos, tiene corta vida y no es apreciable como pecoreadora de miel. Esta noción, según la cual habría dos distintas variedades de abeja de la misma subespecie indígena, en Medio Oriente está increíblemente difundida. La misma idea, basada sobre la misma diferenciación, está presente también en Chipre.

En los últimos años se han hecho esfuerzos considerables para introducir en Jordania las colmenas modernas. Pero si no se introduce al mismo tiempo una abeja más mansa, estos intentos, aunque tengan buenas intenciones, están destinados a fracasar. No se gana nada añadiendo una abeja siria en una colmena moderna, dejándola luego – a causa de su poca docilidad – abandonada a su suerte. Perfectamente podría quedase en un cilindro de arcilla. La producción neta, en términos de beneficio de miel, no mostraría ninguna diferencia concreta, pero entre la manera moderna y la tradicional de manejar las abejas habría una diferencia sustancial en los costes de producción. En un país sin leña, nunca se efectuará un esfuerzo prolongado para introducir una abeja más adaptada a los métodos modernos de gestión, porque nunca se justificará el coste de una colmena con cuadros. Los cilindros de arcilla cocida al sol tienen un coste cero y, si son suficientemente grandes, ofrecen a la abeja siria una vivienda satisfactoria.

Mis investigaciones en Jordania me llevaron a visitar una gran cantidad de colmenares tradicionales, pero no he encontrado ninguno que dispusiera de muchas colmenas; como mucho eran una docena, pero en su mayoría dos o cuatro. Las colmenas de arcilla son de construcción sólida y de capacidad satisfactoria, bien apta para las temperaturas extremas y para las características de las abejas locales. Son largas, sobre las 26 pulgadas, y tienen un diámetro interno de 12 pulgadas. Las paredes tienen un espesor de 2 pulgadas y pico. Menos frecuentes son las colmenas de piedra cerámica, que tienen la forma de una tinaja oriental para el agua, con capacidad de alrededor de 2 galones. Un cuello estrecho constituye el acceso. Las tinajas están apoyadas por uno de sus lados, y la abertura para remover la miel está en la parte trasera, dotadas de un disco removible. Estas colmenas de piedra cerámica tienen la ventaja de ser de larga duración y ofrece también una defensa casi total contra muchos insidiosos parásitos. Las tinajas de piedra cerámica requieren una protección de los rayos del sol, a diferencia de los cilindros de arcilla. Estas colmenas parecen utilizarse solo en Jordania y el Líbano; o por lo menos, yo no las he visto en otros lugares.

El 7 de mayo partí de Jerusalén hacia Siria y el Líbano, pasando por Jericó y Ammán. Cuando me aproximaba a Jericó nos encontramos en medio de la cosecha del trigo. La temporada estaba avanzando rápidamente. Los lirios del campo se habían acabado hasta su vuelta el año siguiente y el paisaje estaba marrón y quemado. Pero dejando Israel me encontré nuevamente con el escenario más amable que se pueda imaginar en el floreciente valle de Wadi Salt, a lo largo del cual, después de haber dejado atrás la llanura de Jericó, la carretera serpentea hacia Ammán. Este estrecho valle, encajado entre las colinas perdidas del antiguo Moab, con su abundancia de flores silvestres, la cantidad de oleandros en plena floración y las vívidas flores como de cera roja de las granadas por todas partes, se combinaba formando un paisaje de inolvidable belleza. En estos espléndidos lugares el Departamento de agricultura de Jordania ha ubicado recientemente un colmenar experimental entre Suveille y en Salt.

Cuando llegué a Ammán pagué la cifra requerida al Departamento de Agricultura, y me encaminé a la peligrosa pista que cruza el desierto hasta Damasco.

SIRIA Y LÍBANO

Hasta el momento de mi llegada a Siria, había reunido una colección bastante notable de ejemplares para el Departamento de Apicultura de Rothamsted – de valor para los estudios biométricos y sin ningún otro objetivo. En la frontera de Siria fue objeto de análisis. Las muchas cajas llenas de tubos de vidrio, cada una con su protección, etiqueta y número, les pareció demasiado valiosa como para transitar sin pagar un considerable peaje. Y yo me encontraba de camino hacia Damasco, donde entendí que similares cosas podían ser vendidas. Después de ser retenidos dos horas en la insoportable aridez del desierto árabe, nos concedieron pasar (debiendo pagar por los problemas que causé), y a cada caja se le estampó un sello de seguridad de plomo. Y esto fue solamente el comienzo de las dificultades que estos profesionales crearon, hasta cuando, solo unos meses después, pudimos alcanzar controles fronterizos algo menos exigentes. Entre la maravillosa vegetación del Líbano hay que incluir numerosas variedades de trébol silvestre. En Galilea había visto numerosas variedades nuevas para mí, pero en Líbano crecían con mayor abundancia. En realidad, en Beirut me dijeron que todavía no se había hecho un registro con todas las especies, y que se creía que serían unas 150 o más. Mi atención fue atraída de forma particular por dos especies enanas, una blanca y una rosa. No alcanzaban nunca la altura superior a 3 pulgadas, pero la profusión de flores es sorprendente: sus cabezas florecidas forman espesas alfombras blancas y púrpuras. Cuando atravesé por primera vez la parte más alta de las montañas del Líbano, desde Damasco, mis ojos fueron capturados por amplias extensiones de púrpura, que revelaron ser este minúsculo trébol rojo en plena floración. Su valor como recurso de néctar en seguida fue evidente, porque estaban atestados de abejas. Y por primera vez fui testigo, en un área específica, de una actividad tan sumamente intensa en las abejas. Además, estas abejas tenían que llegar desde una larga distancia, porque en estos altiplanos montañosos, por lo demás desnudos e inhóspitos, no se veía ninguna colmena por millas y millas. El trébol enano blanco es igualmente apreciado como recurso nectarífero. Ambas variedades prosperan a nivel del mar y también a mayor altitud, pero el minúsculo trébol rojo experimenta su mejora a 3.000 pies, y en su terreno pobre que se encuentra en las montañas del Líbano. Las variedades blancas (no aquellas rojas), en Chipre las observé ubicadas en Troodos, a una mayor altitud.

La flora del Líbano es más abundante, y, quizás, un poco más variada que la de Israel. Las regiones montañosas garantizan mayores precipitaciones, mientras que la alta humedad y el calor húmedo oprimente imponen en la parte baja de la región cerca del mar un carácter prevalentemente tropical para todo el verano.

El cinturón de cultivo de cítricos, bananas y nísperos japoneses a lo largo de la costa ponen a disposición uno de los principales recursos de néctar, pero la flora nectarífera extremadamente variada de las colinas y laderas montañosas provee una cosecha de miel no menos rica. En realidad, creo que el Líbano dispone de una de las floras apícolas más rica y variada de todo el mundo.

El potencial de la apicultura en Líbano se refleja midiendo sus colmenas tradicionales. La tradición y la experiencia en el curso de los siglos, sin duda han demostrado las ventajas de una colmena que contenga una cosecha de miel muy superior a las medias producidas en otros países. Las colmenas libanesas son tubulares, y miden cuatro buenos pies de longitud y 11 pulgadas de diámetro. No están hechas de madera, arcilla o piedra cerámica, tampoco de férula, como en los otros países que visité, sino de mimbre, con una sutil cobertura externa de arcilla. Rígidos palos de madera están trenzados en el mimbre en el sentido longitudinal, para dar a la estructura tubular la necesaria rigidez y resistencia. Estas colmenas de mimbre no pueden ser posadas directamente en el suelo (en particular no en clima húmedo); son colocadas, una por una, sobre unos estantes, formando así una serie en una caseta con cualquier tipo de tejado. En Baalbeck – famosa tanto por su miel, como por sus excepcionales ruinas de su antiguo templo – he visto las colmenas tradicionales más espaciosas de todas: eran hechas de madera, y medían cinco pies de longitud y un pie de altura y anchura internas.

Las colmenas modernas (Langstroth y Dadant) son bastantes utilizadas en todo el Líbano. El gobierno intenta impulsar una adopción aún más amplia de la herramienta moderna y de los métodos apícolas avanzados. La abeja indígena deja mucho que desear. Aunque no sea irritable como la encontrada en Israel, se resiente de su influencia. En las abejas sirias al norte de Beirut hay una marcada diferencia en lo que concierne al color, tamaño, temperamento y, en general, el comportamiento. Hubo algunas importaciones, pero tiendo a pensar que estas variaciones se deben a la influencia de la abeja anatoliaca. Con la selección quizás sea posible obtener algo interesante de este conjunto heterogéneo, pero queda la duda de que el trabajo que hay que afrontar sería impagable.

Una buena y fiable variedad de *ligústica*, con la distribución de variedades para la selección a lo largo de los países y extendiéndose hacia sur, me parecería una solución más idónea. Una similar intervención podría recoger resultados rápidos y concretos, con un mínimo gasto.

El Líbano es un país rico en escenarios incomparables, y sería muy difícil encontrar otro igual, con climas igualmente variados y una flora igualmente rica. Es un país en el cual la apicultura podría florecer más que en otras zonas del Medio Oriente.

CHIPRE

Visité Chipre con grandes expectativas: habían pasado más de treinta años desde la primera expedición de reinas chipriotas que habían llegado a Buckfast, y en seguida habíamos importado muchas más. Estaba, por - tanto, bien informado sobre las características de esta raza (*Apis mellifera* var. *cypria*), pero había numerosos problemas importantes que podían ser resueltos estudiándola en su hábitat natural. Además, tenía buenas razones para sospechar que una profunda investigación revelaría variedades aisladas con un carácter más benévolo que las que estaban ya en nuestra posesión hasta aquel momento.

Alcancé Chipre el 17 de mayo. Cuando desembarqué en Lamiassol, unos encargados del Departamento de agricultura me ofrecieron amablemente todo tipo de asistencia. Sin embargo, aquel día no conseguí hacer nada útil, dado que nada más llegar empezó a llover, y la lluvia había alcanzado una intensidad tropical. El chaparrón no solo fue excepcional por la época, sino también extremamente inoportuno, porque se estaba aún cosechando el trigo. Después del cambio intenso en Beirut, aquello fue una sorpresa agradable. El lunes siguiente volví a Nicosia, para un encuentro en el Departamento de agricultura. En seguida, cuando llegué, el Departamento me proporcionó amablemente los datos de todos los apiarios importantes en la isla, el número completo de colonias de cada uno y del tipo de colmenas. Después de una breve consulta, el señor Osman Nouro trazó un itinerario y escribió unas instrucciones para los oficiales de los distritos interesados. La primera semana fue empleada en la exploración de los distritos septentrional y central, y las investigaciones se extendieron después a los distritos de Famagusta, Lárnaca, Pafos y Lefka. El 4 de junio desde Lánarca salí hacia Grecia. Gracias a los útiles acuerdos y a la voluntariosa cooperación de los oficiales en estos distritos, fui capaz de conducir las investigaciones, no solo de manera rápida, sino también detallada, y fue fundamental para el éxito de mis esfuerzos también la ayuda ofrecida por el señor S.A.L. Thompson. Recordaré siempre con gran placer la visita al chalet de montaña, en Kyrenia, y la maravillosa vista desde su casa hacia la Cilicia y los montes Tauro cubiertos de nieve.

La flora nectarífera de Chipre es bastante variada, pero no puede ser comparada con la del Líbano. Hay falta de humedad y no hay ríos permanentes. El altiplano central – Mesaoria – durante la mayor parte del año ofrece a las abejas solamente la desnuda subsistencia: desde el final de mayo suele estar quemado y seco, hasta la vuelta de la lluvia. Los valles y colinas, y las dos cadenas de montañas que se extienden paralelamente desde este y oeste en el altiplano, ofrecen una floración muy abundante. La cima más alta de las cadenas de los montes de Troodos, hacia sur, alcanza los 6.406 pies; la cadena de Kyrenia, en el norte, es la más baja.

La principal cosecha deriva de la floración de la fruta, cítricos, cardos y timo silvestre. A causa de la falta de humedad, el trébol no llega a ser útil para las abejas, y es probablemente por esta misma razón que el algarrobo (*Ceratonia siliqua*), que en Sicilia es muy apreciado como recurso nectarífero, aquí no da generosa cosecha. Esta es una gran suerte, porque Chipre es famosa por sus algarrobos: hay como dos millones y de muchos árboles diferentes, parece prosperar en cualquier sitio. Hay muchos recursos secundarios de néctar, al principio de la lluvia invernal hasta la sequía invernal. Las abejas pueden recoger lo suficiente para hacer frente a sus necesidades invernales, desde el níspero japonés, acacia y *Eucalyptus*, que se cosecha en diciembre, y luego desde diferentes especies de diente de león gisantes y *Anchusa*, mientras en primavera hay *Oxalis,* romero, salvia y más flores.

Los cítricos extensivos están concentrados cerca de Famagusta, Limasol y Lefka. El tomillo silvestre, *Thymus capitatus*, la misma especie de la cual se extrae la famosa miel de "Imeto", prospera solamente en las laderas pobres y áridas de las colinas, donde no puede sobrevivir ninguna cultura de valor. Las muchas especies de cardo se encuentran prevalentemente en las regiones áridas de la campaña. Algunas de estas son espléndidas: la más bella de todas, que se encuentra en cualquier lugar a la orilla de la carretera, hacia el final de mayo se recubre de un azul celeste – en el grácil tallo, en las hojas y en todo.

La naturaleza no ha sido particularmente indulgente con las abejas en Chipre. Con la excepción de los cultivos de cítricos, no hay grandes flujos de néctar. La abeja indígena, a fuerza de muchos esfuerzos, consigue procurarse para vivir gran parte del año, pero la cantidad de beneficio cosechado es escaso.

Hay alrededor de 22.000 colonias de abejas en Chipre - y, de éstas, menos de 2.000 habitan en colmenas modernas. Están en proceso muchos intentos para difundir más ampliamente la apicultura moderna, y en la explotación experimental y central de Morfou se ofrecen regularmente cursos de apicultura avanzada. En esta granja hay un pequeño taller que produce láminas de cera, y es la única que la distribuye en toda la isla. Las grandes sociedades de fruticultura poseen en abundancia apiarios con modernas herramientas. La estación de apicultura y crianza de reinas de propiedad de S.A.L. Thompson, en Jingen Bahchesi, Kyrenya, es la más avanzada de todas ellas.

Las colmenas indígenas en Chipre están hechas de arcilla deshidratada y cocida: tienen forma tubular, de alrededor de 30 x 10 pulgadas en el interior. Apiarios que alojan desde 100 hasta 150 colonias son comunes; los tubos de arcilla están amontonados y unidos entre ellos, formando un bloque sólido, como ladrillos de una pared. Normalmente son ordenados en filas de cuatro o cinco alturas, y una larga fila de ellos, a menudo, parece servir de límite entre dos propiedades. Normalmente encima están puestas unas tejas, que ayudan aún más a la eficacia del bloque. En Chipre no son comunes los pequeños apiarios. En algunos pueblos, por ejemplo, en Pafos, se pueden encontrar colmenas construidas dentro de las paredes de las casas, con la abertura de la colmena hacia una cama o un salón. Aunque en Chipre la *Ferula thyrsifolia* es abundante, ésta no es utilizada para las colmenas, y se prefiere la arcilla que es más duradera.

No se sabe ni cuándo ni desde dónde vino importada la primera colonia de abejas. La posibilidad de un enjambre vagante tendría que ser descartada, porque Asia Menor está a 40 millas y Siria a 60 millas de distancia. Hay algunos indicios que sugieren una decendencia de la subespecie egipcia: Chipre fue ocupada por los egipcios en 1.450 a.C., y es conocido que alrededor de 850 años después en la isla había abejas, porque Heródoto ya habla de un enjambre que había ocupado una calavera colgada frente al templo de Afrodita. La apicultura moderna afianza su atención a la abeja de Chipre por primera vez en 1.866.

La abeja de Chipre, en cuanto a tamaño, está entre una abeja italiana y una siria. El color de los primeros tres segmentos dorsales es de un naranja claro y luminoso; también el cuarto y quinto segmento son naranjas, pero solamente cerca de las placas ventrales. Cada uno de los tres segmentos dorsales tiene un borde negro claramente definido, que es más estrecho en el primero y más largo en el tercer segmento. El color de los tres segmentos posteriores dorsales es negro intenso, que tiende a resaltar el color naranja de los primeros tres segmentos. Las placas ventrales (con la excepción de las dos posteriores) son normalmente naranja transparente, sin ningún rasgo de coloración más oscura: este es uno de los rasgos distintivos más característicos de la abeja chipriota. El *scutellum* es naranja pálido, y el pelo y pelusa son color cuero.

Las reinas son considerablemente más pequeñas que todas las demás reinas de origen europeo. El color y las características distintivas son más evidentes, así que las reinas chipriotas pueden ser identificadas con gran facilidad. El abdomen es naranja pálido, pero cada segmento dorsal posee un borde negro, bien definido y con forma de media luna. Un rasgo similar se puede, tal vez, observar en una reina híbrida, pero en tal caso las rayas son más anchas y no tan claramente marcadas. Aunque las reinas chipriotas son pequeñas, son increíblemente prolíficas. Sin embargo, su prolificidad alcanza el máximo solamente cuando son cruzadas con otra raza.

Contrariamente a cuanto nos esperamos, las abejas chipriotas no son particularmente propensas a enjambrar. Esto para ellas sería mortal, en su lugar. Bajo el impulso de la enjambrazón normalmente construyen un gran número de celdas reales – a menudo algunos centenares – y tienen la tendencia de construirlas en grupos que recuerdan a un racimo de uva en miniatura. La capacidad de criar de esta subespecie es realmente prodigiosa, y para el alimento de ésta es destinada más miel de la que el apicultor agradecería; pero esto debe ser considerado una estrategia de la naturaleza para asegurar la supervivencia de toda colonia en su hábitat natural. Las chipriotas son resistentes, longevas y dotadas de una gran capacidad de pecorear. Sus opérculos aparecen oscuros y acuosos. No construyen "puentes" de cera entre los panales, o lo hacen raramente. Son proclives al uso abundante del propóleo, pero afortunadamente no del tipo resinoso y pegajoso, más bien una mezcla de opérculos, un propóleo que no se pega demasiado en los dedos. Grumos de este compuesto, a menudo, son depositados en otoño cerca del acceso a la colmena. La chipriota supera el invierno con mayor facilidad respecto a otras razas, también en los climas nórdicos (aunque su lugar de origen sea un área subtropical): esta es una de sus características superlativas. Nunca he encontrado una colonia de chipriota pura o de primer cruce que no haya superado el invierno.

Quizás, lo que ha contribuido más a la impopularidad de la chipriota es su irritabilidad. Muchas variedades se irritan por cada mínima interferencia, aunque en su hábitat natural esta característica está presente comúnmente. Pero los relatos de las primeras importaciones en Europa, sin embargo, subrayaban su notable docilidad, y yo creo que en la isla hay todavía algunas variedades dotadas de buen temperamento.

Aunque la chipriota sea, probablemente, la raza más homocigótica que conocemos, mis investigaciones muestran una gama de diferencias. Hay muchos y profundos valles en los cuales el aislamiento de los individuos es completo, propio de la vida en la misma isla. Estos rincones aislados contienen el material para una ulterior mejora de la raza chipriota.

No se trata de un muro de frontera, son el conjunto de ciento cincuenta colmenas cilíndricas al sur de Nicosia.

Chipre – Greta.

En Creta la colmena con forma de cesta con cuadros movibles es utilizada aún más que en el continente.
Aquí se puede ver en uso una colmena de arcilla cocida del mismo tamaño y forma.

La clásica colmena en cesta griega, probablemente la más antigua colmena de cuadros movibles. También el particular ahumador de tierra cocida parece ser igualmente antiguo.

Una escena idílica: un antiguo jardín con el monte Himeto al fondo, más o menos el mismo paisaje que Solón veía en el 600 a.C.

Grecia.

Una pequeña sección de un apiario cerca de Filipos, con más de 400 colonias traídas de Tasos.

El movimiento estacional de las abejas hacia una serie de diferentes floraciones en la apicultura griega tiene gran importancia.

Con una hábil selección, debería ser posible desarrollar variedades pacíficas y capaces de aguantar cualquier manipulación como las italianas.

El absoluto aislamiento y el medio difícil de la isla han dado como resultado una abeja con una composición inestimable, y para el genetista decidido, Chipre es una verdadera "Isla del tesoro". Todavía, los millares de años de endogamia entre un número de colonias relativamente reducido, en parte han enmascarado la potencialidad de la subespecie, y la experiencia me empuja creer que la calidad escondida de la chipriota se podría desplegar completamente solo con la selección cruzada. Pero tengo que subrayar que, aunque sea de inconmensurable valor para el desarrollo de nuevas variedades, las chipriotas puras no tienen ninguna utilidad para el apicultor medio.

La apicultura en Chipre está favorecida por una bendición única – la total ausencia de enfermedades. Para mantener esta gran fortuna, y para asegurar la perpetuidad de la pureza de la raza chipriota, son severamente prohibidas las importaciones de reinas y abejas.

GRECIA Y CRETA

Después de dos días en el mar, el 6 de junio, hacia medio-día, visitamos Capo Sounion, y por la tarde llegamos a Atenas, encontrándome, de repente, frente a la que sería la tercera semana más difícil y fatigosa de mi investigación.

Sin considerar la nula información presente en Grecia, hay un número mayor de colmenas respecto a la población (alrededor de una cada diez habitantes) aunque, en cualquier otro país, se sabía bien poco de las condiciones en las que estaba la apicultura en este extremo de la Europa sur-occidental. Pero el gran número de colonias indicaba, en cierta medida, una prosperidad de la apicultura, aunque no necesariamente un consistente beneficio cosechado por cada colonia; esto habría llevado, junto a otras conclusiones, a presuponer una abeja indígena de excepcionales capacidades. En este punto, mis dudas no duraron mucho.

El día siguiente a mi llegada estábamos ya ocupados en explorar Ática, moviéndonos hacia el sur a Cabo Sounion junto al doctor A. Typaldos Xidias y al señor C. Michaelides. Xydias, que me había recogido el día anterior en el Pireo, y que había sido durante muchos años asesor técnico del Ministerio de Agricultura, y puede ser considerado el padre de la apicultura moderna en Grecia. Verdaderamente, en los días siguientes pude darme cuenta de que Xidias es conocido y estimado por todos los apicultores griegos.

Nuestros viajes nos llevaron dos veces al Peloponeso, y luego en la última visita desde Patras hasta Mesolongi, Arta, Ioánina y konitsa; posteriormente a Metsovo, en el corazón de la cadena del Pindo, y avanzando hasta Kalambaka, Grevená, Kozani, Veria, Édessa y Salónica y aquellas partes rurales que se encuentran a noreste de la ciudad. El viaje a Creta lo hice solo, dado que los funcionarios de agricultura de la isla me ofrecieron toda la asistencia necesaria. Acordamos la visita a algunas de las islas del mar Egeo a las cuales, tanto yo como el Doctor Xidias, atribuimos gran importancia, dado que – como en Chipre – era más probable encontrar variedades más preciadas para la selección. Desafortunadamente al final no tuve el tiempo de cumplir con esta visita.

Los antiguos atenienses, nos dijeron, elogian siempre cuatro cosas: su miel, sus higos, sus bayas de mirto y sus propileos (imponentes construcciones al ingreso de la acrópolis de la cuidad). La miel de la que tan orgullosos están los habitantes de Atenas era cosechada en el Monte Himeto, en la parte oriental de la cuidad. Esta miel deriva del tomillo de montaña, *Thymus capitatus,* y es muy aromática, de cuerpo pesado y un tenue color ámbar: una miel muy exquisita, pero no siempre grata a los paladares adversos a los perfumes más evanescentes de nuestras mieles más ligeras del norte. El tomillo silvestre no se encuentra solamente en el Himeto: es común en toda la Grecia meridional, en el Peloponeso y en Creta, donde es la fuente de néctar principal. En estas regiones prosperan por cada lado de las pobres colinas rocosas y áridas, donde, por la falta de humedad suficiente, nada consigue crecer. En el momento de mi llegada acababa de empezar a florecer, y en algunos de los apiarios que visité el aire estaba saturado del intenso perfume del néctar recién importado de las colmenas. Incluso me dijeron que la importación no era abundante debido a la falta necesaria de humedad atmosférica.

En las regiones marítimas de la Grecia meridional abundan las plantaciones de naranjos y limones pero, con la excepción de la zona cerca de Arta, ninguna de éstas es amplia como aquellas de Medio Oriente o del Norte de África. Las otras variedades de fruta de interés apícola se concentran en la parte septentrional de la región; hay vastos cultivos en Veria y Naousa. De hecho, es en la Grecia septentrional donde obtienen las más abundantes producciones de miel. Los recursos principales son trébol, castaño, salvia silvestre, satureja montana y melaza. Creta tiene una flora melífera extremadamente abundante y variada, con muchas especies de erica, pero que en el Levante parecen estar ausentes.

Grecia posee aproximadamente 70.000 colonias de abejas, y me quedé muy impresionado del alto nivel de calidad de su cultura apícola – tanto la moderna (con la Langstroth) como la tradicional. En el Norte de Europa, insólitamente, la apicultura es considerada como una actividad secundaria, como una simpática afición, y, a menudo, los apicultores tienen solamente tres o cuatros colmenas. ¡En Grecia no es para nada así! Hay probablemente más apicultores profesionales en Macedonia que en cualquier otra parte de Europa. La apicultura nómada es algo aceptado, y es practicada a gran escala con resultados muy apreciados. Me comentaron que una cosecha media de cien kilos no es algo extraño. En un buen punto de observación, alrededor de treinta millas al norte de Salónica, era posible localizar apiarios con un total de 2.000 colmenas – toda aquella zona era un pulular de abejas. Al oeste, detrás de Édessa, en las regiones prácticamente inaccesibles que la separan de Albania, en cualquier lugar a los lados de las colinas hay colmenas bien escondidas, y los millares de colonias ubicadas son dejadas aquí tras largos viajes. Es posible ver continuamente colmenares igualmente grandes de colmenas tradicionales, que han sido igualmente trasladados a estas regiones inhóspitas. Los apicultores profesionales, sean tradicionales o modernos, para alcanzar un jornal consistente, se apoyan en la apicultura nómada.

La apicultura tradicional en Grecia es muy instructiva, y de gran interés desde el punto de vista histórico. Sabemos que la colmena con forma de cesta de hoy en día era comúnmente utilizada en Grecia desde hace más de tres mil años, y que el principio del cuadro movible, descubierto hace cien años, de hecho, era ya utilizado en estas colmenas de los antiguos griegos. La colmena construida en mimbre, tiene la misma dimensión que una maceta de flores en tierra cocida. Tiene una profundidad de 23 pulgadas, 15 de diámetro encima y 12 en el fondo (medidas internas). En el borde están colgadas nueve barras – con una pulgada y media de anchura para crear el intervalo necesario. Los cuadros se atan a estas barras, exactamente como en la colmena inventada de Dzierzon, hacia la mitad del siglo pasado. Con un poco de atención, cada uno de los nueve panales puede ser examinado con la misma libertad que las colmenas modernas con cuadros móvibles. Además, la forma de esta colmena griega se corresponde más que cualquier colmena moderna rectangular con las inclinaciones naturales de las abejas. En Grecia, en las cestas, se aplica una abundante capa interna y externa de arcilla, mientras que en Creta – por algunas razones que no he conseguido descubrir – solamente se aplica un estrato ligero en el interior y otro fuera de dos pulgadas, empezando desde la base. En Greta se pueden ver colmenas de tierra cocida de la misma dimensión y formato; éstas son sabiamente modeladas con un crucifijo encima de cada entrada. De vez en cuando, se pueden ver colmenas de caña, con una forma similar a la vieja cesta de mimbre inglesa, con una capa de protección añadida.

Pero las cestas griegas, curiosamente, son más largas, estrechas y puntiagudas; de tipo menos común, tiene la sumidad redondeada en forma de cúpula. Son más espaciosas que las correspondientes colmenas tradicionales. No he observado colmenas de arcilla ubicadas a pleno sol, tampoco de paja trenzada, aunque la *Ferula thyrsigolia* en Grecia es bastante común.

En Creta, en particular en la península al norte de la bahía de Suda, pude ver unos apiarios extensivos – colocados en medio del timo silvestre – hechos completamente de colmenas de mimbre. El mismo mimbre, con algún puñado de paja mezclada en la parte superior, constituye la única protección y refugio ofrecido. Algunos de estos apiarios tradicionales contenían más de un centenar de colmenas.

Pocas millas al sureste de la antigua Miceno y de la tumba de Agamenón, en Argólida, en el Peloponeso – hay un único claustro tapiado para las abejas, con noventa y ocho troncos para ellas, cada uno con su colmena en forma de cesta, protegida por una pesante capa de arcilla, que en esta parte de Grecia es tradicional. Parece que también, en tiempos antiguos, se daba mucho valor a la orientación de la piquera, dado que todos estos troncos están orientados hacia este o sureste.

La abeja indígena, en la extremidad sur-oriental de Europa hasta hoy, sin saber bien el porqué, nunca llamó la atención. Es verdad, no está caracterizada por ninguno de los rasgos superlativos que habría atraído la curiosidad – carece también del color brillante y de la uniformidad en el aspecto que a menudo las hace tan apreciadas. Pero observando a esta abeja, en líneas generales, como "abeja de trabajo" quizás no tenga igual. En muchas de sus características recuerda la caucásica en su tendencia a propolizar y construir puentes de cera entre los panales. Ambos defectos, en la abeja griega están menos desarrollados, y en algunas variedades han desaparecido. Sus mejores cualidades son la mansedumbre, el vigor en desarrollar la cría y la desafección por enjambrar. Nunca encontré colonias de mal temperamento – con excepción de Creta. A tal punto, que el apicultor griego difícilmente utiliza el ahumador; normalmente se coloca encima de los cuadros una pequeña esponja que se consume sin llama mientras él inspecciona la colonia. Las abejas son de buen temperamento y tranquilas mientras se manejan, igual - que con las abejas cárnicas. Su potencial reproductor es verdaderamente fundamental: soy propenso a creer que ninguna otra subespecie puede alcanzar la fuerza numérica de una colonia griega, o, de manera particular, una reina griega cruzada con un zángano italiano o cárnico. Pero, a diferencia de la italiana o de las razas orientales, la cría es decididamente limitada – demasiado como para ser útil a nuestro objetivo – después de la mitad de julio. Su nido es compacto, y se puede encontrar perfectamente con las reservas llenas a final de julio. La cría es compacta y sin defectos desde todo punto de vista, y nuestra experiencia sugiere que la abeja griega está menos dispuesta a la enjambrazón respecto de cualquier otro tipo de abeja o variedad examinada en nuestros apiarios. Pero definitivamente es muy proclive a propolizar y construir puentes de cera entre los cuadros libremente, mientras los opérculos tienen un aspecto bastante acuoso. Nuestros exámenes y observaciones preliminares indican que la abeja griega encarna las cualidades requeridas de las pecoreadoras por excelencia.

Aristóteles observó que las abejas griegas no tienen un color uniforme, en su época estaban mejor consideradas las de color amarillo. Las abejas griegas de hoy en día son marrones, con un segmento amarillo que se manifiesta casualmente. Todavía, al occidente del monte Pindo, desde Mesolongi hasta Loánina, son uniformemente negras. En Loánina nos aseguraron que cerca de Konitsa, en la frontera con Albania, se puede encontrar una variedad de color amarillo puro, pero las investigaciones que acometimos en el lugar localizaron solamente abejas manchadas de amarillo, como es habitual ver al este de la cadena del Pindo y en el corazón de estas montañas también. En estas regiones es raro encontrar una colonia de color absolutamente uniforme, y un pequeño porcentaje de abejas, de proporción variable, tiene uno o dos segmentos marrones. Como podíamos esperar, las reinas muestran una amplia gama de colores: los zánganos, por otro lado, no presentan ninguna.

En Creta – que según la mitología griega es el lugar en el que surgieron las abejas – éstas muestran un elevado porcentaje de rasgos amarillos. En realidad, las abejas de esta isla afortunada son una gran mezcla, en todos los sentidos. Antes de dejar Europa me aseguraron que en Creta habría encontrado las abejas más mansas, pero el carácter de algunas colonias que examiné demostró una fuerte influencia oriental. Si en Chipre encontré la mayor uniformidad, en Creta ha sido al revés.

Aunque mi experiencia con las abejas griegas quedó restringida a una sola estación, los resultados preliminares indican que, utilizando una buena variedad, esta raza puede fácilmente resultar de un gran valor. Claramente es superior a la caucásica, con la cual ya experimenté anteriormente.

YUGOSLAVIA: ESLOVENIA

La abeja indígena de Yugoslavia occidental, desde Montenegro hasta Bosnia, es considerada más prolífica y menos proclive a la enjambrazón que la típica cárnica de Eslovenia. También, esta última tiene reputación de ser prolífica, pero en los últimos años acabé sacando la conclusión de que no era exactamente así. La medida para evaluar la fecundidad de una subespecie o una reina tomada individualmente es un concepto bastante arbitrario y la carniola, sin duda, es prolífica sólo si la comparamos con la antigua abeja originaria inglesa: Cheshire y Cowan hicieron esta comparación, y su veredicto desde entonces se ha tenido por válido sin someterlo a discusión. Según nuestros estándares, la cárnica media es prolífica. Recientemente hemos puesto a prueba a más de una docena de variedades procedentes de lugares distintos de su hábitat originario, y muchas de ellas, al finalizar la estación, no conseguían llenar de cría más de siete cuadros MD (Dadant modificado) mientras que nuestras variedades alcanzaban cómodamente los diez. Ha sido, pues, de gran interés comprobar los éxitos de una investigación llevada a cabo en los Alpes de Montenegro y en la cadena montañosa más alta a lo largo de la costa de Dalmacia, porque tenía buenas razones para creer que encontraría la variedad más adaptada a nuestras particulares exigencias.

Abandonando Grecia, quería dirigirme a Skopie y regresar hacia el oeste de Cetiña, un poco más al norte de Albania, para ir hacia Dubrovnik (Ragusa), Sarajevo, Split y Liubliana.

En Liubliana o Laibach, como era conocida hace tiempo, está el centro de la Carniola o sede de la Asociación de los Apicultores Eslovenos – (Zveza cebelarskih drustev v. Liubliana) que me, ha ayudado en mis investigaciones en Eslovenia. La Asociación, como muchas otras en el continente, proporciona a sus socios todas las herramientas necesarias a buen precio. Publica, también, una revista mensual de gran nivel, *Slovenski Cebelar*. Los socios de esta Asociación poseen 70.000 colmenas, 50.000 de las cuales son colmenas modernas. El número total de las colmenas en Yugoslavia es alrededor de 800.000, la mitad de las cuales están en colmenas modernas.

Nuestras primeras reinas cárnicas las recibimos hace más de cincuenta años, de Michael Ambrozic, de Mojstrana, en la Carniola superior, que lanzó el comercio mundial de estas reinas y estas abejas. Desde entonces hemos importado reinas desde diferentes orígenes y con éxitos diferentes, pero después de 1.939 fue imposible obtener importaciones directas desde la Carniola. Por esta razón tenía una gran inquietud por visitar el centro del hábitat de esta raza. Tenía, además, la idea de que allí habría encontrado algo de particular valor, además de adquirir un conocimiento más preciso del medio que había contribuido a plasmar el tipo más clásico de abeja cárnica, que se encuentra en esta región.

Nuestras investigaciones nos llevaron a lo largo de toda la Carniola inferior, al sur y al sureste de Liubliana. Las abejas aquí eran más bien uniformes, pero cuando nos trasladamos más allá, en la Carniola central, tanto al este como al sur y al sureste, las ligeras variaciones de las características externas se hicieron evidentes. Además, a veces, el temperamento de las abejas dejaba que desear. De todas formas, al este de Liubliana, cerca de la frontera con Hungría, me pareció que las abejas eran más prolíficas, y, quizás, menos tendentes a la enjambrazón, pero menos uniformes en el aspecto exterior (esto podría ser debido en parte a la influencia de la abeja de Banato, una subespecie de cárnica cuyo hábitat principal es aún más al este o al sureste de Máribor). Un mes después tuve la posibilidad de explorar la zona contigua al norte, llegando a Hungría desde Estiria. La abeja cárnica, en su forma clásica y con máxima uniformidad, se encuentra solamente aislada en la Carniola superior, en particular en los valles cerrados paralelos al oeste de Bled. Las elevadas Karavankea norte y noreste, los Alpes Cárnicos al noroeste, y los Alpes Julianos al oeste y suroeste, constituyen una barrera insuperable. De hecho, estos valles, desde Bled hasta Bistrica, forman una de las estaciones de apareamiento perfectamente creada por la naturaleza, y no es una sorpresa que algunas de las mejores reinas cárnicas sean criadas aquí. En el pleno centro de este valle vive Jan Strgar, conocido en todo el mundo como criador de reinas cárnicas. Su empresa nació en 1.903, y buena parte del número de diciembre de 1.953 del *Slovenski Cebelar* estaba oportunamente dedicado a conmemorar este evento.

En mi primer relato he dado una descripción bastante completa de las características generales de abeja cárnica. Aquella descripción puede valer también para las variedades encontradas en Carniola. Hay, sin duda, variaciones; y en realidad la gran diferencia entre una variedad y otra es una de las características más marcadas de esta raza. Nosotros hemos tenido algunas variedades que difícilmente podían ser superadas por la uniformidad de las características externas, pero que en la práctica se demostraron sin valor. A menudo, se pone demasiada atención a la uniformidad, particularmente en la cárnica. Hay un factor, en su patrimonio genético, que es responsable del color amarillo, y que a menudo se manifiesta como variación estacional. El seleccionador de una de las mejores variedades me ha asegurado que sus abejas, tal vez, muestran algunas coloraciones de amarillo en los primeros segmentos dorsales, en la primera parte del verano, pero que estas rayas desaparecen completamente en las generaciones siguientes, en especial en otoño con bajas temperaturas. De hecho, en las mejores variedades (juzgando las prestaciones) que he tenido la oportunidad de encontrar, es notoria la presencia de un cierto componente amarillo. En cada raza se manifiestan variaciones de colores y de signos de manera más evidente en las reinas, y esto se da de forma particular en la cárnica. Existe el peligro de que, poniendo énfasis en la uniformidad externa, se pueda perder el objetivo más importante que es la prestación.

Un hecho excepcional es la total ausencia, en todo el hábitat originario de la abeja cárnica, de las enfermedades de la cría. Esto me sorprendió profundamente, porque, en cualquiera de los países que hasta entonces había visitado (con la excepción de Chipre), la loque americana y europea son comunes, y, en algunas circunstancias, endémicas. Pero la Carintia y la Carniola parecen ser inmunes. Puede presentarse acariosis, nosema y parálisis, pero las loques no. Su ausencia no puede ser fortuita (el límite orográfico de las montañas habría retrasado, pero no impedido la difusión de la enfermedad, y he tenido la oportunidad de ver loque americana también en las inaccesibles regiones en los montes del Pindo, lindante con Albania). No se puede hablar en este caso pues, de una verdadera inmunidad, sino de una resistencia innata.

Las condiciones de la apicultura en la Carniola, especialmente en la parte superior, son similares a las de Carintia, la región limítrofe de Austria. Además, en la Carniola central e inferior, especialmente en la parte montañosa cerca del Mar Adriático, haya una flora nectarífera más variada. En la Carniola superior, la melaza de pino constituye el recurso principal. En la Carniola central e inferior abundan los tilos, que parecen prosperar aquí de manera espontánea; en el momento de mi visita estaban en plena floración, lo cual me permitió cosechar miel de tila. Otra miel de alta calidad se cosecha en agosto y septiembre en las regiones montuosas de Dalmacia con la salvia de montaña, *Satureia montana*. Algunos de los apicultores profesionales más hábiles, en primavera llevan a sus abejas al romero, que en algunas de las islas dálmatas crece con gran profusión. De esa manera se pueden cosechar algunos magníficos tipos de miel de superlativa calidad. A finales de junio muchas colonias son trasladadas a la península de Istría, para la miel de castaño, sin embargo, de calidad inferior. Hay muchos recursos secundarios, y, en general, la flora está más adaptada a la apicultura en Yugoslavia del noreste que en los lugares cercanos a Austria.

No tengo idea desde cuando se empezaron utilizar las "casas-apiarios". En Carniola, las "casas-apiarios", tanto en la apicultura tradicional como en la moderna, son algo aceptado e integrado en el territorio. Para la apicultura nómada las colmenas están ordenadas en refugios de distintos lugares. A excepción de la Carniola, en Yugoslavia no he vuelto a ver más "casas-apiarios".

Eslovenia: Jan Strgar, a la izquierda, mientras conversaba con el editor Slovenski Cebelar. Este importante apicultor ha enviado reinas en todo el mundo.

Serbia suroccidental: un tipo de protección original – las colmenas tradicionales en mimbre están envuelta en trozos de corteza.

Yugoslavia

Montenegro: un moderno apiario trashumante cerca de Bjelbsi, en los montes a oeste de Cetinjie, la antigua capital.

Banato: en los bosques de acacia.

Bosnia: un fascinante colmenar de viejo estilo, parecido a una cabaña.

ALPES LIGURES

Dejando Yugoslavia tuve que hacer un cierto número de estudios en las cercanas Carintia y Estiria; todo ocurrió según las previsiones y estas investigaciones se revelaron de gran importancia. El siguiente territorio a investigar fue en un ambicioso lugar, los Alpes Ligures. En octubre de 1.950 hicimos una corta visita, pero no fuimos capaces de conseguir unas reinas ligústicas dado que la temporada estaba demasiado avanzada.

La fama difundida en todo el mundo de la abeja italiana está, en parte, basada en el éxito alcanzado con las primeras importaciones, efectuadas hace casi un siglo. Estas abejas venían de los Alpes Ligures – del nombre de la abeja ligústica. El éxito de nuestras investigaciones indica que la auténtica abeja italiana color cuero, que incorpora todas las apreciadas cualidades que han hecho tan famosa a la ligústica, se encuentran solamente en los Alpes Ligures, en la región montuosa entre La Spezia y Génova.

Prescindiendo del valor práctico, estaba convencido de que un conocimiento más preciso de la ligústica oscura habría llevado a grandes consecuencias en nuestros futuros experimentos de selección cruzada, y, después de muchos esfuerzos, por fin pude obtener reinas del particular tipo requerido. El paquete que contenía la colección de reinas fue dejado durante la noche en mi habitación, listo para ser enviado al día siguiente. Para mi sorpresa, al día siguiente la mesa y el paquete estaban cubiertos de pequeñas hormigas negras, y tocando el paquete, millares de estos indeseados insectos cayeron fuera del relleno de algodón que protegía las jaulas. Todas las reinas y abejas habían sido matadas por las hormigas. La pérdida de las reinas ligústicas fue el peor momento de todo el viaje: no pude restablecer la pérdida, porque no tenía a disposición el tiempo y la energía necesarios para volver hacerlo.

Me dirigí a la Francia Meridional con la firme convicción de que posteriormente entraría a la península ibérica. Pero pronto me di cuenta de que los muchos esfuerzos que había afrontado a partir de febrero requerían que parase, y así, el 29 de septiembre volví a Buckfast.

CONCLUSIONES

Con seguridad, poco a poco, fui recabando informaciones de gran valor sobre las múltiples razas de abejas de miel, y estaba conociendo mucho más en detalle sus áreas de distribución. La composición de las subespecies podía así ser constituido y definido. Las modalidades de sus evoluciones eran reveladas poco a poco, de manera que los defectos y las cualidades individuales podían ser localizadas más fácilmente en sus lugares originarios. Estábamos llegando poco a poco a una conclusión más verdadera y precisa de la gran potencialidad que teníamos a nuestra disposición para la creación de la "abeja perfecta". Pero quedaba mucho por hacer, porque un logro de este tipo, donde dificultades imprevistas y retrasos son inevitables, el tiempo es un factor limitante de extrema importancia*.

En 1.954 y en 1.956 el Hermano Adam se aventuró en dos viajes, el primero por la mitad septentrional de Asia Menor y en un cierto número de islas del Egeo, y el segundo por Yugoslavia: Bosnia, Serbia, Montenegro y Herzegovina. Los resultados y las evaluaciones relacionadas con estos viajes están incluidos en los relatos finales de 1.962.

1959.
La península ibérica: España y Portugal

A principios del mes de septiembre de 1.959, el Hermano Adam viajó a la Península ibérica. Entró atravesando los Pirineos asomando al Mediterráneo y pasó dos meses costeando la orilla atlántica, pasando por Irún. En aquel arco de tiempo llegó a recorrer 6.500 millas en coche, viajando desde Gerona, en el extremo noreste, hasta Tarifa – el punto más meridional – y Coruña, en el rincón noroccidental de la península. El viaje resultó laborioso, pero valió la pena: en cada rincón de la península el Hermano Adam fue capaz de recoger reinas y muestras de abejas en una cantidad aún mayor para los estudios biométricos.

ESPAÑA Y PORTUGAL

El Doctor F. Ruttner afirmó (en 1.952) que durante la época glacial – que duró más de un millón de años – las condiciones climatológicas fueron tales que impidieron que las abejas pudieran vivir en gran parte de Europa. El gran manto glacial se extendía desde Cabo Norte hacia el sur, al occidente hasta la línea del estuario del río Severn, en Inglaterra, y hacia oriente hasta Kiev, en Rusia, y más allá. Alpes y Pirineos estaban recubiertos de hielo, y las regiones que desde allí se extendían hacia el norte, hasta el borde del manto glacial de Escandinavia, estaban recubiertas de una tundra sin límites. Los restos fósiles descubiertos en Europa pertenecen todos a la época Terciaria. Durante la era del hielo, a las abejas europeas les habían quedado, en todo el continente, tres lugares donde refugiarse: la península ibérica, la itálica y la de los Balcanes. En Italia las abejas probablemente se quedaron durante todo este tiempo confinadas en su tierra de origen, porque los Alpes formaban, para cualquier migración hacia el norte, una barrera insuperable. Por otro lado, después de la era del hielo, las abejas de la Península de los Balcanes pudieron migrar hacia el norte hasta la barrera oriental de los Alpes, y al noreste hasta la extremidad de la Rusia meridional, donde su ulterior migración no estuvo limitada por las montañas, sino por las amplias estepas sin árboles. La repoblación de Europa después de la última era del hielo se quedó en manos de la Península Ibérica. Los pasos a lo largo de los Pirineos permitieron una migración hacia el norte sin impedimentos u obstáculos. Esta vuelta post - glacial de la abeja de miel a Europa central sucedió hace alrededor de setenta mil años.

Considerando que la abeja negra europea procede de la Península Ibérica, el Doctor Ruttner cree que ésta tendría que ser denominada con el nombre derivado de su tierra de origen, como las otras dos variedades europeas. Aunque no haya ninguna duda de que la abeja negra o marrón – y en realidad todas las abejas que podemos encontrar hasta Rusia septentrional – deriva de variedades ibéricas, es seguro que la abeja ibérica, a su vez - en un tiempo pasado aún más remoto –, deriva de la abeja norte africana, comúnmente llamada telana, es decir, *Apis mellifera unicolor* var. *intermissa.* En mi relato publicado en 1.954 comenté que la telana era una raza primaria, y que las numerosas variedades de abejas marrones o negras – al menos, las de Europa occidental – en el transcurso del tiempo derivaron de la telana. Subrayé también que no había tenido aún, como ahora, la oportunidad de explorar la Península Ibérica, pero que en las variedades examinadas de la Francia meridional y de Europa del noroccidente, las diferencias eran mínimas. Esta estrecha relación era evidente. Ha sido posible, con facilidad, trazar los pasos de la evolución al norte y al noreste de los Pirineos, y las diferencias se han demostrado solamente en una cuestión de intensidad y niveles. En seguida tuve muy claro que, aunque en aquellas fases de desarrollo la Península Ibérica representaba una "etapa intermedia", ésta no fue menos importante a la hora de establecer la relación entre la abeja negra europea y su prototipo. Porque todos sabemos que las épocas glacial e interglaciar se extendieron durante más de un millón de años, y solamente desde el 5.000 a. C. la *Apis mellifera* var. *mellifera* se quedó confinada en los territorios al sur de los Pirineos.

Aquí quedó teóricamente aislada de cualquier contacto con el continente africano, y aún más del resto del mundo. El estrecho de Gibraltar, en su punto más estrecho mide una anchura de nueve millas, y se puede tranquilamente presuponer que ningún enjambre habría podido cruzarlo con la fuerza de sus alas. El fuerte viento del este, que sopla expresamente en la zona del estrecho y su alrededor, está casi siempre presente, y habría dificultado mucho el paso del cualquier enjambre.

Prescindiendo de estas consideraciones, tenía muchas ganas de hacer una investigación más profunda de la abeja y su apicultura en esta península, dado que ya contaba con una gran cantidad de información sobre estos argumentos. Esta información la recibí de un joven monje español que se alojó en Buckfast entre 1.926 y 1.928 para aprender apicultura. Pertenecía a la Abadía Valvanera (la Rioja), en la España septentrional. En el corazón de los apicultores españoles, abejas y apicultura tienen una particular relación con esta abadía, dado que *Nuestra Señora de Valvanera* es considerada la protectora de los apicultores en toda España. Este joven monje, junto a dieciocho compañeros de su comunidad, fueron asesinados durante la Guerra Civil en el otoño de 1.936.

La Península Ibérica es un mundo singular por muchas razones. Está separada del resto de Europa por una poderosa barrera montañosa, complicada de pasar por las dos extremidades. También es una tierra con muchos contrastes evidentes. En el sureste y en el noreste hay cadenas montuosas tan majestuosas como los Alpes, que se elevan al punto de mantener nieve todo el año en algunos lugares. Entre estas montañas se pueden encontrar valles prósperos y del todo aislados. Por otro lado, el gran altiplano central, la Meseta, con una altura media de 660 pies, representa una enorme explanada árida y monótona, con temperaturas extremas – un horno durante el verano y un congelador durante el invierno. Las vertientes orientales que se asoman al Mediterráneo están bendecidas de un clima equilibrado, sin inviernos marcados. En las costas marinas occidentales hacia el norte, desde Lagos hasta La Coruña, los vientos cargados de humedad del Atlántico penetran muchas millas hacia el interior, y son la razón de la extrema fertilidad de estas regiones. La España meridional y Portugal, en particular Andalucía, tienen inviernos templados y veranos tórridos. La distribución y el carácter de las precipitaciones, como el mismo territorio, están evidentemente en contraste. El noroeste de la península tiene una precipitación media de 24 pulgadas y más, con 66 pulgadas a Santiago de Compostela – que iguala nuestra precipitación en Buckfast – y 12 pulgadas o menos en el sureste de España, con 35 en la zona de Gibraltar. La lluvia en el noroeste es del mismo tipo e intensidad que la que conocemos en Inglaterra. El día que estuve en Vigo, y algunas semanas después en el norte de Portugal, la lluvia era insistente y torrencial, como estamos acostumbrados a ver en el Devon. En las regiones áridas de España las precipitaciones están limitadas al otoño e invierno, también esporádicas e inciertas. Además, se presentan como cortos y violentos chubascos, a menudo con cielo aparentemente despejado. La lluvia de este tipo no penetra en el suelo duro del terreno, y pueden solamente arrastrar la superficie fértil del suelo. Cuando no se verifican precipitaciones, cosa que pasa demasiado a menudo, el resultado es carestía y miseria.

A causa de la extraordinaria diversidad climatológica, de altitud, de exposición y del suelo, la Península Ibérica, entre todas las regiones de Europa, es la más rica en especies vegetales. Las especies endémicas son particularmente numerosas. Los árboles más típicos de las regiones áridas son las dos especies de roble llamada encina (*Quercus ilex*) y el alcornoque (*Quercus suber*) y, naturalmente, el algarrobo (Ceratonia siliqua). En la Meseta, a lo largo de las carreteras principales, a menudo están presentes filares de Robinia pseudoacacia, que es prácticamente el único árbol que se puede ver principalmente. La vegetación predominante en la Meseta y los páramos pobres y pedregosos, de los cuales hay amplias extensiones por cualquier parte, son un conjunto de arbustos siempre verdes y plantas herbáceas de la familia de las *Cistaceae* y Labiateae. De ésta última familia procede el tomillo, lavanda, salvia y romero – las plantas nectaríferas de la Península Ibérica. La retama española (*Spartium junceum*) es muy abundante en Galicia, en la parte húmeda al noroeste, junto a numerosas especies de *Erica*. En realidad, hay grandes extensiones de brezales en las zonas de montaña sobre una línea que transcurre hacia el noroeste, entre Braganza y Bilbao. En las regiones montañosas de la España septentrional y en los montes arbolados de esta región la Calluna vulgaris parece todavía ser muy común

Apiario experimental del Centro Agrícola de Murcia.

Flores de naranjo. Las plantaciones de naranjo valenciano proporcionan uno de los recursos nectaríferos más importantes de la península.

Un tipo de caseto para las colmenas, considerado de época árabe, cerca de la carretera entre Burgos y Vitoria.

España.

Colmenas de mimbre recubiertas de una capa de arcilla y cal, cerca de Soria, en la vieja Castilla.

Una colmena de corcho en Andalucía, tal y como fueron utilizadas durante mucho tiempo.

Una vegetación similar a la jungla en un claro junto a un bosque de alcornoque en Portugal meridional, el cual proporciona un importante recurso de néctar. Aquí se puede encontrar la Calluna vulgaris que alcanza una altura igual o superior de 4 metros.

Portugal.

España y Portugal poseen grandes bosques de alcornoques. En verano grandes montones de cortezas de corcho se encuentran fácilmente.

Una línea de colmenas de corcho con entradas en diferentes alturas.

Pude tropezarme con el primer brezo en flor en un bosque entre Almazán y Soria, y al día siguiente encontré muchos más a lo largo de la carretera hacia Logroño. Comúnmente encontré los brezos en el Portugal meridional, en el sotobosque de alcornoque. Aquí el brezo florece considerablemente más tarde respecto a la Europa septentrional, y su desarrollo no es forzado y reducido como en nuestros lugares: su crecimiento es notable, y sus inflorescencias a espiga tienen la forma bastante más alargada. En todos los lugares de la península es posible encontrar una cantidad de brezos aparentemente infinita. Los más comunes son el brezo morado (*Erica australis*), brezo portugués (*Erica lusitania*), *Erica arborea alpina*, una variedad nativa de las montañas españolas, *Erica umbellata y Erica scoparia.*

El eucalipto es muy común en Andalucía y en una parte de Portugal. En la provincia de Huelva observé extensos cultivos de árboles de unos cuantos años. Dos de los más comunes son el *Eucalyptus globulus*, que florecen entre noviembre y diciembre, y *Eucalyptus camaldulensis* rostrata, que florece desde la mitad de junio hasta la mitad de julio. Este último segrega néctar solamente hacia el atardecer y en las primeras horas de la mañana. Los grandes cultivos de naranjos están confinados en un área relativamente restringida, al sur y al norte de Valencia, y al oeste de Sevilla. El Castaño español (*Castanea sativa*) lo he podido ver en gran abundancia en el norte de Portugal, entre Braga, Villa Real y Braganza. El trébol blanco (*trifolium repens*), aunque sea común en el noreste de España, como recurso de néctar no tiene gran consideración. En Andalucía hay grandes extensiones de cultivo de algodón (*Gossypium herbacceum*) pero el uso de venenos a menudo provoca graves pérdida de abejas.

La Península Ibérica está bendecida por una gran abundancia de árboles, matas y plantas nectaríferas, los más importantes son, sin duda, los cítricos, romero, lavanda, tomillo, brezo y los distintos géneros de *Erica*, el eucalipto y quizá el algarrobo.

Todos estos detalles pueden parecer secundarios respecto al punto central y al objetivo de mi investigación. Pero quisiera subrayar que uno de los primeros objetivos de un viaje como este es adquirir un profundo conocimiento sobre la historia y orígenes de una subespecie de abeja, así como el medio y sus influencias que han operado en la formación y desarrollo de una particular raza o variedad. Es importante recordar que el hábitat en el cual el organismo se ha formado y plasmado a lo largo del tiempo está en estrecha relación con las características de las cuales éste está dotado. En realidad, las particulares características de un organismo, a menudo reflejan las particulares influencias de su hábitat, y no existe quizás organismo en el que eso sea más verdadero que en la abeja. En la naturaleza la abeja está absolutamente en las manos del medio que la rodea, y como consecuencia tiene que adaptarse al mismo o perecer.

A mi entrada a España tenía la intención de, antes dirigirme hacia Madrid, explorar de la mejor manera posible el rincón oriental de la Península. La provincia catalana, con su variada flora y con un clima relativamente húmedo, es una buena región para la apicultura. La colmena Layens, de origen francés, es utilizada muy comúnmente. En estas colmenas no se utilizan alzas: el espacio para el nido, que contiene 14 cuadros de unas 13 pulgadas y ¾ por 11 y ¾, ofrece sitio tanto para la cría como para almacenar el excedente de miel. Es parecida a una cesta, con un techo llano atornillado con bisagras al cuerpo principal y ambas extremidades del cuerpo mismo tienen manillas. Su gran ventaja es la facilidad en su transporte – una consideración importante en lugares donde la apicultura trashumante es común. Esto vale para gran parte de las regiones que se asoman al Mar Mediterráneo. Al término de las floraciones de los cítricos y romero, las colmenas son transportadas a las regiones más elevadas del altiplano central, donde en junio y julio abunda el tomillo, con presencia de lavanda y pipirigallo. Al final de septiembre, a lo largo de la costa, el romero ofrece una segunda pequeña cosecha. Cuando, algunos días antes, estaba viajando hacia Narbona, a través de la región de Las Corbiéres, famosa en todo el mundo por el romero, pude observar que este último estaba floreciendo por segunda vez. En Cataluña la cosecha de este tipo de miel alcanza la media de 25 kg por colonia. Según las mejores informaciones, en España hay 1.200.000 colonias de abejas, un tercio de las cuales están ubicadas en colmenas tradicionales. El número efectivo puede superar esta estima. Portugal, que ocupa solamente el 15% de la Península Ibérica, tiene un total de 473.642 colonias, 111.924 de las cuales son colmenas modernas. La relativa densidad de colonias por metro cuadrado es alrededor de 13,9 en Portugal y de 6,5 en España. La importancia de estos números puede ser mejor apreciada si son comparados con la media de 3,8 en Gran Bretaña y Gales, con un total de 219.545 colonias en la actualidad.

En ambos países la colmena Langstroth es una de las más utilizadas. En realidad, el catálogo de la principal empresa de material apícola de España ofrece solamente colmenas "Perfección" (Langstroth) y la colmena Layens. No se utilizan las medias alzas, sino solamente alzas de cuerpo entero en la Langstroth. Dos empresas se especializaron en la producción de láminas de cera, una en Alcira (Valencia) y la otra en Andújar (Jaén).

La apicultura tradicional es, por buenas razones, aún bastante arraigada tanto en España como en Portugal. En León y Ourense encontré colonias en los troncos de árboles, y en Castilla La Vieja algunas hechas de mimbre, con la habitual capa de arcilla. Todavía, el material generalmente empleado para la construcción de colmenas tradicionales en esta parte del mundo es el corcho. Los extensos bosques proporcionan un material que es ideal para este objetivo, sobre todo porque es un excelente aislante. Además, el corcho no es caro en absoluto y para construir las colmenas no hacen falta particulares atenciones y habilidades. El trozo de corcho que es despegado del árbol es directamente utilizado con su forma natural para armar las colmenas y en las juntas verticales, para mantenerlas unidas, se utilizan unas puntas de madera de jara; como cierre del cilindro para formar el techo de la colmena, es colocada encima una sección de corcho plana, y la colmena está lista para ser utilizada. No se requieren particulares habilidades, ni para construir las colmenas en mimbre, ni en nuestras colmenas de paja. Columela nos dice que, en la época de los romanos, la construcción de las colmenas de corcho era un trabajo de los esclavos en su tiempo libre.

El diámetro de las colmenas de corcho variaba en cierta medida, pero normalmente se aproximaba en torno a las 10 pulgadas, mientras que la altura estaba alrededor de 27 pulgadas. Las colmenas son invariablemente utilizadas en posición vertical (nunca en horizontal y tampoco apiladas, como es típico hacer en Sicilia y en Medio Oriente), y en general principalmente en todos los lados. No es raro ver 100 o más de estas colmenas de corcho en un único lugar, ordenadas en fila una detrás de la otra. Incluso los apicultores que siguen la antigua tradición lo dicen: *"de cien uno y de una cien"*, refiriéndose al efímero carácter de las colonias en los años desafortunados y a su mágico aumento en las estaciones favorables y en circunstancia ventajosas.

Quizás más de uno quedará sorprendido al saber que en España y Portugal la apicultura es practicada a una escala superior respecto de cualquier otra parte de Europa. Pues bien, con una densidad media de las colonias alrededor de 7,5 por milla cuadrada, inevitablemente la apicultura tiene un rol importante en la vida del país. Todavía la apicultura intensiva como la conocemos nosotros no existe. La apicultura aquí es del tipo "abandonadas a sí mismas", por lo cual los apicultores comerciales, para alcanzar cosechas significativas, se basan en el nomadismo. Prácticamente no hay crianza de reinas, y no se hace ningún intento para mejorar la raza. De manera esporádica, importan reinas italianas, pero no a escala intensiva. Incluso pueden a menudo encontrarse grandes empresas apícolas en lugares del todo inesperados. Pude encontrar una entre Zamora y Salamanca que tenía 800 colonias. Cerca de Sevilla hay una empresa familiar con 2.000 colonias, que gestionan un comercio de venta de miel equiparable a aquella del norte de Europa. Esta empresa confecciona su propia miel en preciosos tarros de diferentes formas y medidas.

En toda España la apicultura está controlada por el Servicio Veterinario. En general, en cualquier centro apícola provincial hay un funcionario responsable de la apicultura; mientras la apicultura moderna es también utilizada en las grandes escuelas agrícolas, de las cuales pude visitar alguna. Una de estas escuelas, al sur, cerca de Cabo Trafalgar, gestiona alrededor de 6.700 acres, y la enseñanza está relacionada con todas las ramas de ese sector, concerniente a la apicultura. Una segunda escuela, en el noreste, cerca de Zamora, me pareció al mismo tiempo llena de especializaciones. Estas escuelas son privadas, no del Estado Español. He sacado la conclusión de que la autoridad central en España no está particularmente interesada en promover la apicultura. Sin embargo, existe una iniciativa que tendría que llegar a constituir un instituto de investigación apícola a nivel nacional, pero todavía no es una realidad cumplida. Me parece verdaderamente una pena que la apicultura no reciba el apoyo que necesita, porque sería sin duda posible obtener buenos progresos en todas las direcciones.

En Portugal, desde este punto de vista, las condiciones son en cierto modo diferentes. Desde los datos estadísticos precisos y por el número de colmenas presentes, se puede deducir que aquí la apicultura ocupa una posición más favorable. La referencia como técnico de Apicultura del Ministerio de Agricultura es el señor Vasco Correira Paixao. Él es también el director del Puesto Central de Fomento Apícola. He tenido la posibilidad de ver en muchos casos prácticos las solicitudes con las que el Ministerio ayuda a este sector. La Universidad de Oporto ha publicado después un amplio tratado en portugués sobre el análisis polínico de las mieles del país (Martins d'Alte, 1.951).

Parece bastante sorprendente que, hasta ahora, nadie siquiera haya empezado una investigación completa y un estudio de las abejas melíferas de la Península Ibérica. Ya subrayé que puede haber muy pocas dudas sobre el hecho de que esta abeja sea el origen de todas las subespecies oscuras de *Apis mellifera*, y que la abeja ibérica, a su vez, descendió de la abeja telana. La posibilidad de que la cepa ibérica sea la original y que la migración desde la Península se haya producido hacia norte y sur no puede ser sostenida, porque es la abeja telana la que posee, en su máximo y más concentrado grado, todas las características que se manifiestan en todas las subvariedades.

Dado que la abeja no respeta los límites políticos o nacionales, difícilmente podría ser correcto hablar de abeja española o portuguesa. Y, de la misma manera, no se puede hablar de razas diferentes, porque no hay barreras montuosas que puedan aislar una parte de la Península de las otras, favoreciendo de tal forma el desarrollo de una raza distinta. Todavía hay presentes una cantidad de variedades distintas, y parece probable que sea debido a diferentes medios creados de las particulares condiciones climatológicas y geográficas de la Península, entre ellas ampliamente diversas. Esta hipótesis es fácilmente valorable desde la evidencia, pero hay que subrayar que las diferencias no van más allá del grado de intensidad de las características fundamentales. Así como sería equivocado esperar algo presente en el prototipo, igualmente equivocado sería suponer que las condiciones geográficas y climatológicas ampliamente diferentes no pudieran haber tenido un efecto selectivo sobre las características fundamentales, y esto vale especialmente en el caso de una criatura tan susceptible como la abeja melífera.

Luis Méndez de Torres, en su tratado de apicultura que él mismo publicó en Alcalá de Henares en 1.586, habla de la gran diversidad de dimensiones, temperamentos y colores de las abejas en su época. Esto es aplicable seguramente a día de hoy. Pero la gran diversidad no está limitada solamente a dimensiones y temperamento, se extiende a todas las cualidades sobre las que se basan las prestaciones. La abeja ibérica es sobre todo de color negro azabache, y su color oscuro es a menudo acentuado por su exigüidad tormentosa y peluda. Nunca observé abejas que pudieran ser definidas como amarillas, a excepción de las recientes importaciones. De vez en cuando pude observar claros signos amarillos, limitados a la zona de los primeros tres segmentos dorsales, donde se juntan a las piastras ventrales, parecido a mis observaciones similares en la abeja telana del África septentrional. Las reinas son negras y de color muy uniforme, son rápidas en los movimientos y bastante nerviosas. Son prolíficas, pero su fecundidad está ampliamente controlada por la presencia o falta de "medios necesarios". En otras palabras, no crían excesivamente en momentos de carestía, como en cambio sí sabe hacer bien la telana. Durante los largos periodos de hambruna, una costumbre así las llevaría a la muerte por falta de comida. Por otro lado, puede disponer de una fecundidad controlada, pero se le da pleno campo de acción cuando las circunstancias lo permiten. Cuando las condiciones son óptimas, las colonias pueden crecer hasta alcanzar una gran población, mientras el valor económico de estas familias es salvaguardado por una modesta inclinación a la enjambrazón. La extrema propensión a la enjambrazón de la abeja telana, desde el punto de vista práctico del apicultor, es su ruina. La abeja ibérica comparte con la telana, de forma no menos reducida, su extraordinaria resistencia. Es activa – y con buenos objetivos – a temperaturas en las que otras abejas no se aventurarían al exterior de sus colmenas. También comparte del todo su exposición a las enfermedades de la cría, el excesivo uso de propóleo, y el aspecto acuoso de los opérculos. Su exagerado uso de propóleo es uno de los rasgos más indeseables de la abeja ibérica. Sin embargo, es posible encontrar variedades que a fines prácticos no presentan estos defectos. Sobre el temperamento, las abejas en España del noreste y aquellas de las colinas que lindan con los Pirineos, parecen ser más irritables de las del resto de la Península. Pero encontré algunas colonias de pésimo carácter en regiones diferentes, por ejemplo, al sur de Málaga, o al norte de Lisboa. En resumen, las abejas ibéricas no tienen evidentemente la misma mansedumbre que las abejas italianas, pero no son ciertamente agresivas como muchas de las abejas francesas.

Estas observaciones se basan sobre lo que he podido ver en España y Portugal, y sobre la experiencia en Buckfast, pero de forma limitada en el año 1.950. Puesto que, a partir de aquel año, el final de junio en adelante se demostró totalmente desastroso, no pude obtener más datos comparativos sobre la capacidad de recolectar miel de las abejas ibéricas puras o de los híbridos de primeros cruces. Antes de disponer de resultados dignos de confianza tendrán que pasar un cierto número de años. Me sorprendería si las ibéricas no superasen a las abejas francesas, dado que las abejas ibéricas han demostrado ser las mejores recolectoras de miel de todas las razas europeas.

Ya hablé sobre la vulnerabilidad de la abeja ibérica a las enfermedades de la cría, un defecto que está presente en todas las subespecies de la abeja negra europea. La vulnerabilidad a la acariosis es otro defecto compartido en todas las variedades que se han desarrollado a partir de la abeja telana, el progenitor común. La acariosis está muy difundida en la Península Ibérica, particularmente a lo largo de las costas del Mediterráneo y en Andalucía. En realidad, me comentaron que las bajas habían sido tan graves que provocaron una grave disminución de las colonias presentes en España. Las autoridades han llegado a concluir que las medidas tomadas son poco eficaces, y que el desarrollo de una abeja resistente a la acariosis ofrecerá una solución a largo plazo. El trabajo experimental sobre estas líneas se está llevando a cabo en Málaga.

CONCLUSIONES

Cuando partí hacia España esperaba tener la oportunidad de ver las excepcionales pinturas rupestres de las cuevas cerca de Bicorp que se encuentran a poco más de 50 millas al sur de Valencia. Las pinturas de las Cuevas de la Araña son muy conocidas, y muestran el retrato de una persona en una pared de roca que extrae la miel de un agujero de dicha pared. Esta es la representación más antigua que hace referencia a la apicultura, y su antigüedad ha sido estimada entre los 8.000 y 10.000 años. Con toda probabilidad fue pintada en una época en la cual gran parte de Europa al norte de los Pirineos de los Alpes estaban bajo una enorme capa glacial.

Abandonamos Valencia durante la madrugada, pero otros compromisos nos impidieron llegar a Bicorp antes de las cuatro de la tarde – donde supimos que las cuevas se podían ver solamente andando, durante un paseo de una hora. No teníamos el tiempo disponible para hacerlo, dado que el mismo día teníamos que llegar a Alicante, que de Bicorp estaba un poco lejos. Con gran decepción no nos quedó más remedio que marchar sin ver las pinturas.

Durante la primera parte de mi viaje tuve que soportar temperaturas muy altas. Recordaré para siempre aquel día pasado en Murcia, donde también mis compañeros – que estaban acostumbrados a estas temperaturas – encontraron aquella ola de calor casi insoportable. Hacia el término de este viaje la lluvia obstaculizó bastante nuestro camino hacia el norte de Portugal. Llegó también el frío: acabábamos que inspeccionar el último apiario, ubicado en un saliente cerca de una pared vertical de una montaña que dominaba Covilhã, y de repente una fuerte granizada nos hizo correr para protegernos. A la mañana siguiente, cuando desde Guarda emprendimos el camino de vuelta, parecía haber llegado el pleno invierno. Gracias a la determinación de mis asistentes conseguimos, hasta el último minuto, poder llevar a cabo nuestros programas.

1962.

Marruecos, Turquía, Las abejas de Asia Menor, Yugoslavia: Banato, Las Islas Egeas, Egipto, La abeja melífera egipcia en el desierto de Libia

Estos relatos concluyentes no solamente describen las impresiones y experiencias que el Hermano Adam recogió en su última expedición en 1.962, sino que recogen también los resultados de dos cortos viajes realizados en 1.954 y en 1956. En el otoño de 1.954 el Hermano Adam visitó la mitad septentrional de Turquía y, en consecuencia, en su paso por Creta en 1.952, incluyó en este viaje un cierto número de las más importantes islas del Egeo. En un escrito titulado "Las abejas de Asia Menor" presentó un informe preliminar al Congreso Internacional de Apicultura de Roma de 1.958. En julio de 1.956 consiguió visitar la Yugoslavia occidental, y precisamente Bosnia, Herzegovina y Montenegro – una parte del país que le habría gustado incluir en su viaje de 1.952, pero en aquel momento no pudo visitar a causa de una avería del coche en el cual viajaba.

En búsqueda de las mejores variedades de abejas

El viaje conclusivo

El Hermano Adam llevó a término su gran reto en 1.962, cumpliendo otro largo viaje repartido en dos tramos. El 26 de marzo dejó Inglaterra teniendo como primera etapa Marruecos. Una expedición bien organizada le llevó a través del país hasta la orilla del Sáhara y a Tafilálet, un conjunto de oasis de gran importancia para su investigación. Partiendo de Marrakech, moviéndose hacia el norte, cruzó prácticamente Marruecos en toda su extensión. A finales de abril zarpó por mar hacia Asia Menor, y en esta ocasión recorrió toda la mitad meridional de Turquía. La mitad septentrional pudo visitarla en 1.954. Concluido el trabajo en Turquía, se movió hacia la Yugoslavia noroccidental, a la búsqueda de la abeja de Banato. A finales de junio volvió a Inglaterra para despachar algunos asuntos importantes. El 23 de octubre volvió a partir hacia el Cairo. En Egipto sus investigaciones se quedaron circunscritas a la región del Valle del Nilo y del Delta, y en unos pocos lugares de los más significativos ubicados en las regiones meridionales del Desierto Líbico. En estos oasis el Ministerio egipcio de Agricultura gestiona un cierto número de centros de selección. Después de haber terminado este último compromiso el Hermano Adam volvió a Buckfast en enero de 1.963.

MARRUECOS

Cumplí la travesía desde Harwich hasta Hoek, en Holanda, durante la noche entre el 26 y el 27 de marzo, para aprovechar la autovía que desde La Haya lleva a la Alemania meridional. Desde aquí pasé por Lyon, Narbona, Barcelona y la costa del Mediterráneo hasta Gibraltar, donde esperé la llegada del Doctor R. H. Barnes, que se había ofrecido voluntariamente a acompañarme en mi viaje por Marruecos. Escuché llegar su avión poco después de la medianoche, y nos encontramos para desayunar al día siguiente. Pocas horas después estábamos viajando juntos hacia Tánger.

Desde 1.952 tenía como objetivo visitar Marruecos, pero cuando estuve en Argelia distintas dificultades impidieron proceder hacia occidente y alcanzar este país más allá de su frontera. Reconsideré la idea, pareciéndome que el retraso en visitar este país fue algo fortuito, porque, muy probablemente, en las circunstancias de aquel entonces, no habría sido capaz de llevar a cabo el trabajo con plena satisfacción. No estaba particularmente interesado en la abeja indígena de Marruecos, dado que me había percatado de que no podía ser distinta, desde el punto de vista constitutivo, de la abeja indígena de Argelia, *Apis mellifera* var. *intermissa*. El fin principal de mi visita a Marruecos era obtener informaciones más detalladas sobre la abeja del Sáhara y sobre su hábitat. En este sentido el Señor P. Haccour, de Sidi Yahya El Gharb, que había conocido en los Congresos de Roma y Madrid, me ofreció una ayuda inestimable. El Señor Haccour, que posee alrededor de dos mil colonias, es uno del más agudos apicultores comerciales que haya tenido el placer de encontrar. Hablaba árabe, y tenía una enorme experiencia sobre el trato con la gente de Marruecos.

Nuestra primera etapa fue en su hogar, una casa de campaña a algunas millas de Sidi-Yahia, ubicada en el medio de los eucaliptos, mimosas, cítricos y muchas más variedades de plantas subtropicales. Un fuerte perfume de flores de naranjo invadía toda la zona, especialmente en la madrugada, antes de que el sol disipase la copiosa humedad: a mediodía la temperatura llegaba a 32 grados. Llegamos a una estación en la cual el campo se vestía de su floración más abundante. En los últimos meses, las lluvias habían dejado una flora particularmente lujuriosa. Después de dos días en este contexto tan maravilloso, invertido en visitar a algunos de los apicultores más cercanos, partimos para el Sáhara, junto al señor y a la señora Haccour.

Nuestro viaje nos llevó a cruzar la cordillera del Atlas septentrional pasando por Col du Zad. Aquí, a 6.000 pies de altura, nos encontramos en condiciones invernales, rodeados de nieve. Incluso nos dijeron que la semana anterior no habríamos podido cruzar el puerto en coche. Pasamos la noche en Midelt, una pequeña aldea en las colonias orientales a los pies del macizo de Atlas. La mañana siguiente, cuando alcanzamos el Sáhara, el carácter vegetativo cambió, apareciendo palmeras datileras. En lugar de rocas y piedras aparecieron ante nuestra vista dunas de arena. Antes del mediodía alcanzamos Tafilálet, un conjunto de oasis que el señor Haccour considera como la verdadera y auténtica cuna de *Apis mellllifera* var. *sahariensis*.

Creo que fue Ph. J. Baldernsberger el primero en atraer la atención sobre esta raza en 1.921.

Parte de un apiario tradicional, con alrededor de trescientas colmenas en cestas de mimbre del tipo marroquí, dispersas en el suelo con un injustificado abandono.

Maruecos Tafilálet.

En el Rif: el señor Haccour selecciona las colonias cerca de Torres de Alcalá.

Una colmena de corcho, recubierta con un saco de yute, lista para ser transportada a Targuist.

Descubrió esta abeja en Figuig, el oasis más oriental de Marruecos. Y según nos indican nuestros conocimientos actuales, Figuig es también el punto más oriental en el cual se puede encontrar esta raza. Cierto es que no se la encuentra en los más conocidos oasis de Argelia, como en Laghouat, Bou Saâda, Biskra y Gardaya. Al oeste, su distribución se expande, por lo menos, hasta Uarzazate, como pudimos comprobar nosotros mismos. Hay que considerar que esta raza está limitada por dos grandes barreras naturales: la imponente cadena montuosa del Atlas al noreste y de la inmensa extensión de arena hacia el sur y el este. Además, cada uno de los numerosos oasis está aislado de los otros, y con la misma eficacia, del desnudo desierto que se extiende en muchas millas. Como pude verificar, en muchas localidades el cruce entre razas puede ser mínimo o ausente.

Surge entonces una pregunta espontánea: ¿cómo se formó esta subespecie? No puede haber ninguna duda de que esta abeja sahariana es una raza distinta – diferente en sus características externas y fisiológicas. Sabemos que, en todo el norte de África, desde Tripolitana hasta el punto más meridional de Marruecos, en la costa atlántica, es de indiscutible dominio de la abeja negra azabache, *Apis mellifera* var. *intermissa*. Pero aquí, encajonada entre el Atlántico y el Sáhara, dentro un área relativamente pequeña y delimitada del desierto, tenemos unas minúsculas manchas en las cuales vive una raza de abeja distinta de color amarillo. No creo en absoluto que la *sahariensis,* en el transcurso del tiempo, haya evolucionado de la *intermissa*. Entre las dos subespecies no hay similitudes. El señor Haccour sacó adelante la hipótesis de que los inmigrantes judíos podrían haber introducido una variedad original del Medio Oriente hace más de dos mil años, y que, durante los años pasados, debido a la particularidad del medio natural, quizá se pudieran desarrollar las abejas que actualmente llamamos *sahariensis*. Además, conozco bien todas las razas del Medio Oriente y no puedo reconocer entre ellas ninguna similitud. Exteriormente la *sahariensis* recuerda a la *Apis indica* más que cualquier otro tipo de abeja, pero tal similitud no se da más allá que en la parte exterior.

La *sahariensis* pura es amarilla: el color podría ser mejor descrito como marrón claro. Pero se presenta con amplias gradaciones, y la coloración se extiende en distinta medida en todos los segmentos dorsales. A causa del color más oscuro y de la variación de los segmentos, la abeja sahariana no es tan graciosa como las razas de color claro. Respecto al tamaño, esta abeja se encuentra a mitad de camino entre la *ligústica* y la *syriaca*. También las reinas tienen coloraciones muy diferentes, desde el amarillo luminoso al marrón oscuro – pero nunca son muy diferentes. Los zánganos son considerablemente uniformes, y tienen dos segmentos de color bronce.

Aquí encontré a las reinas puras moderadamente prolíficas. Las abejas tienen un temperamento relativamente leve pero más bien nervioso, especialmente en la época de sequía. Cuando se abre una colmena, las abejas corren hacia adelante y hacia atrás, muy parecido a las avispas cuando se les molesta en sus nidos. Empiezan luego a volar en grupo, pero no se comportan de manera agresiva. También, durante la manipulación, las abejas caen de los panales muy fácilmente. Parece tener el peor agarre que yo haya podido observar en una abeja. Desde este punto de vista, las abejas italianas representan el otro extremo – la italiana tiene que ser sacudida con fuerza. Otra característica notable de la *sahariensis* es su rápido vuelo fuera de la colmena. No hay ninguna duda - y esta cualidad recuerdo haberla notado ya en Baldensberger.

Es bastante propolizadora, pero no en exceso. En Buckfast, durante el rígido invierno de 1.962-3, las *sahariensis* puras sufrieron una grave despoblación, pero las colonias han sobrevivido en condiciones y vigor sorprendentemente buenas. Aquellas con reinas de primer cruce han salido del invierno increíblemente bien, en todos los aspectos.

Un primer cruce entre una reina sahariana y nuestros zánganos sí ha demostrado ser sorprendentemente prolífico – en realidad, el cruce más prolífico que hasta ahora haya podido registrar en nuestros apiarios. Además, la cría es maravillosamente compacta y – algo muy considerable para un primer cruce – no ha sido prácticamente desarrollada cría de zánganos. Esta característica se ha manifestado en cualquier colonia con una reina de primer cruce de este tipo. Personalmente considero esta una característica muy deseable, dado que muchos híbridos tienden a criar un exceso de zánganos, y algunos cruces, inevitablemente, desperdician un determinado número de láminas de cera por la misma razón, en tal medida que no son consideradas a largo o medio-largo plazo. Aunque la sahariana pura se considera una abeja muy enjambradora, yo no encontré este problema en el primer cruce. Es demasiado prematuro expresar una consideración sobre su capacidad de recolectar néctar y en general sobre su capacidad de guardar provisiones sobre este cruce, dado que, en el verano de 1.962, en el sureste del Devon, había sido un desastre total. Fue la peor campaña de mis cuarenta y nueve años de apicultura. No obstante, puedo decir esto: la abeja sahariana, si es cruzada de manera conveniente, tiene grandes posibilidades. Por otro lado, la raza pura, por sí misma, no puede tener gran interés para un apicultor.

Sobre esta subespecie nos encontramos con una gran cantidad de particularidades, como la excepcional longitud de la lígula, su gran potencia alar y la capacidad de abastecer reservas. La cuestión de la lígula será resuelta en cuanto tengamos a disposición los datos biométricos fiables. La sahariana es, sin duda, una abeja excepcionalmente activa, pero no sabría decir si su rayo de vuelo sea tan amplio como el que se le supuso hace tiempo. Quizá desde este momento y en el futuro obtengamos resultados que nos den informaciones fiables, pero considerando el medio que constituye el hábitat natural, es probable que esta hipótesis sea la correcta.

Una de las primeras cosas que me han sorprendido al llegar a la principal aldea de Tafilálet, Erfud, ha sido las condiciones de sequía y sufrimiento de las palmeras. Parecían secas y sin vida, sin tener un verde oscuro que normalmente se asocia a las frondas de las palmeras, y que había visto en los oasis argelinos y en otras partes del mundo. Estas palmeras proporcionaban una indicación del clima y del medio en que la sahariana tiene que luchar por sobrevivir. Aquí, cerca del Sáhara, las temperaturas durante el invierno bajan casi a los cero grados para luego alcanzar los 49 grados durante la época del verano. Entre el día y la noche, en todos los países del desierto, hay fuertes inversiones de temperatura, pero aquí concretamente parecen ser muy extremas.

A excepción de las flores del desierto, el principal recurso de néctar es proporcionado por las palmeras datileras, eucaliptos, cítricos, alfalfa y otras varias legumbres. Estas últimas son cultivadas en pequeñas porciones de terreno entre las palmeras. Considerando las condiciones de las colonias que he podido observar, solamente soy capaz de concluir que la lucha por la supervivencia es de las más duras. Donde había una colmena, muy a menudo encontrábamos solamente cajas vacías y restos de los panales que había dentro. El número de colmenas en los distintos oasis que hemos visitado parece muy reducido. No es, pues, muy sorprendente que los apicultores locales no quieran deshacerse de una reina fácilmente, y menos aún de una colonia completa.

En mi mapa Michelín de 1.950 muchas de las localidades que cruzamos estaban señaladas como *zones d'insécurité*, y la apicultura moderna no ha tenido el tiempo de entrar en estas localidades recónditas (tropezamos solamente con una colmena moderna, en los jardines del gobernador de Goulmima). Las abejas estaban ubicadas, como la tradición dice, en huecos dentro de las paredes de las casas y jardines. Las paredes están construidas con arcilla contra el sol, y los huecos no son muy espaciosos– normalmente 8 pulgadas de altura, 10 de profundidad y alrededor de 30 de anchura (20 x 25 x 50 cm). El acceso para el hueco se obtiene quitando la tapa de madera (en una única pieza o constituida de numerosos listones) que esté encementado en lugar de la arcilla.

Cuando el hueco está realizado en la pared de una vivienda, el acceso se forma en el interior de la casa o de una habitación. Este parece el sistema más común de practicar la apicultura en estos lugares recónditos. Todavía, en Goulmima, en los jardines del gobernador, observé una cantidad de apropiadas construcciones de arcilla, con tamaño y diseño insólitos. Las entradas tenían una protección para evitar la intrusión del pillaje – un listón de 8 pulgadas cuadradas más o menos, constituido por agujeros hechos con el taladro y con medida suficiente para permitir el paso de una abeja, y no más. Esta parece una precaución necesaria, aunque en aquel momento no pude ser testigo de los muchos enemigos que existen en otras partes del Norte de África, con la excepción de la polilla de la cera.

En el Sáhara argelino no había encontrado un estado similar de indigencia de las abejas. Por ejemplo, en Laghouat – un oasis no más grande que los visitados en Marruecos – había por lo menos 50 colmenas: de abejas negras telanas, naturalmente. De hecho, en los oasis marroquíes no se practica la apicultura: las abejas son simplemente ubicadas y dejadas a su suerte. Ahora que tengo una cierta experiencia con las abejas saharianas criadas en Inglaterra, puedo atribuir la dificultad de estas abejas en su hábitat nativo solamente a una concatenación excepcional de circunstancias adversas. En realidad, parece difícil creer que esta raza haya podido ser capaz de, no solamente estabilizarse en un medio como este, sino también de sobrevivir hasta la actualidad.

Nos fue imposible incluir en nuestra investigación los oasis al este de Tafilálet, pero desde Ksar es-Souk nos movimos hacia el oeste hasta llegar a Uarzazate. Podemos decir que la *sahariensis* está difundida desde Figuig a Uarzazat, pero que los límites de su extensión al este y oeste de estos puntos, quedan indeterminados.

Desde Uarzazate cruzamos el Atlas Meridional, atravesando el alto de Tichka (7.448 pies), dejando a nuestra izquierda el Monte Tubqal (13.644 pies), la montaña más alta del Norte de África. Durante la totalidad del viaje, desde Tafilálet hasta Uarzazate, casi siempre estuvimos acompañados de un paisaje montañoso con cumbres nevadas. Ahora estábamos nuevamente en medio de la nieve, pero no por mucho tiempo; después de otras 74 millas alcanzamos Marrakech, el cual habíamos recorrido ya hacia el norte en la ruta de ida.

El objetivo principal de mi visita a Marruecos había sido adquirir un conocimiento de primera mano sobre la abeja del Sáhara y del medio que la rodea, aproveché también la oportunidad de ampliar mis conocimientos sobre la abeja negra africana, que encontramos en las regiones al oeste de la cordillera del Atlas. Nos dimos cuenta en seguida de que las colonias francesas habían introducido, en distintos momentos, reinas italianas, quizás también desde América. Hemos podido ver el rastro de estas importaciones también al sur de Marrakech. En general, la abeja negra indígena no difiere de las abejas telanas que hemos encontrado en Argelia – con la diferencia de que su temperamento, en Argelia ya bastante malo, aquí había evolucionado en una ferocidad salvaje. Tropecé con una excepción cerca de Petitjean, en un apiario bastante remoto de alrededor de 300 colonias, que eran posesión de una familia bereber. Sus abejas, en el aspecto externo, se parecían más bien a la abeja cárnica, y podían ser manejadas sin particulares precauciones. Si estas abejas hubieran sido ubicadas en colmenas modernas, en propiedad de europeos, o a pocas millas de un pueblo o ciudad, habría concluido que se trataba de una importación; pero el colmenar estaba alejado de cualquier asentamiento, y los propietarios vivían en tiendas del mismo tipo que los beduinos. Las colmenas estaban hechas de mimbre y estaban colocadas entre la hierba y bardas. Y, para completar el cuadro indígena, estaba presente la calavera de algún animal colgado para espantar los demonios.

De Marrakech hacia el norte cruzamos casi completamente Marruecos en toda su longitud. A causa de las excepcionales lluvias del invierno anterior, los campos estaban en una profusión de colores. Poco después de dejar Marrakech y el último de los cultivos de palmeras, llegamos a un verdadero océano amarillo que se perdía hasta donde alcanzaba la vista, parecido a los campos de Nabo silvestre (*Brassica campestris*). Poco más allá había amplias extensiones de cilantro (*Coriandrum sativum*), cultivado por sus frutos. Las abejas estaban trabajando con energía en el cilantro. En seguida aparecieron grandes extensiones de tagetes. Gran parte de la mitad septentrional de Marruecos hacia occidente del Atlas era la única manta de flores, con temperaturas y humedad de invernadero. A partir de todo esto, puedo afirmar que esta región ofrece grandísimas posibilidades para un apicultor decidido.

Cuando el 23 de abril, con las primeras luces del día, el Karadeniz pasó los Dardanelos, mis pensamientos volvieron a la Primera Guerra Mundial. Los picos en la parte izquierda, en los cuales se luchó muy tenazmente, estaban recubiertas de flores de la primavera, y resplandecía al calor de sol que poco a poco se estaba levantando. La tierra que quedaba a la derecha, perteneciente a otro continente, en cambio, estaba la que yo sabía que era considerada como una de las regiones más apreciadas para la apicultura de todo el Asia Menor.

Visité por primera vez Turquía en el otoño de 1.954. En tal ocasión llegué por tierra, cruzando Yugoslavia y Grecia septentrional. Hace ocho años la carretera desde Estambul hacia Ankara, en la mayoría de su recorrido, estaba cubierta solo de grava, y en muchas millas incluso empeoraba. Con sorpresa, al cubrir todo el recorrido, encontré una carretera óptima para vehículos.

En mi anterior visita me había dirigido hacia Ankara con gran incertidumbre sobre lo que me encontraría. Sabía que al sur de los Tauro me habría tropezado con la influencia de la abeja siriana y, en el extremo este, de la caucásica. Pero no tenía la más remota idea de lo que me habría encontrado en el resto de Turquía. Dos años antes, cuando me encontraba en Israel, vine a conocer el libro *StudiesontheHoneybee and Beekeeping in Turkey*, de Bodenheimer, que en seguida llegó a ser profesor y durante poco tiempo vivió en Ankara. El libro había sido publicado en 1.942. Sin embargo, hasta 1.958 no conseguí encontrar la manera de tomar una copia en préstamo. Poco después el Prof. Bodenheimer me la regaló. Pero he sido muy afortunado de no leer este libro antes de 1.954, porque, muy probablemente, habría renunciado a Asia Menor, considerándola sin importancia sobre el tema de mis investigaciones. El libro contiene muchos detalles interesantes sobre las colmenas del lugar y sus métodos de apicultura tradicionales. El capítulo sobre las razas se ocupa prevalentemente de biometría, y expone algunas hipótesis de evaluación general. Las cuestiones que, desde mi punto de vista, son de principal importancia – las características fisiológicas y la calidad de valor económico – no son discutidas. Algunas son mencionadas indirectamente, como por ejemplo el cálculo de la población de colmenas en la proximidad de Ankara, pero éstas, desafortunadamente, favorecen la impresión de que la abeja de la Anatolia Central es la menos prolífica de todas las razas conocidas, y priva de valor económico en cuanto a cualquier uso práctico. También las estadísticas que son citadas sobre las extremas fluctuaciones del número de colmenas en determinadas áreas, podrían muy bien ser interpretadas como un indicio de una falta de vigor, o una incapacidad de superar los inviernos excepcionalmente rígidos. Todavía, como han demostrado los datos que yo recogí, ninguna de estas cuestiones ha resultado en una experiencia práctica. Sin embargo, como ya pude indicar en el resumen preliminar publicado en 1.958, la raza de la Anatolia central tiene un valor comercial excepcional.

El primer viaje por Asia Menor abrazó las regiones comprendidas entre Ankara, Sivas, Erzincan, Bayburt, Trebisonda, Samsun, Sinope y Kastamonu; y hacia occidente alcanzaba el sur hasta Eskishehir y Bursa; o lo que es lo mismo, la mitad septentrional de Turquía. El viaje de 1962 cubrió la mitad inferior, comprendiendo las regiones más importantes entre aquellas ya exploradas en 1954, excluyendo las zonas militares en la parte más oriental. La exclusión de estas últimas regiones fue por muchos aspectos una pena, pero considerándolo mejor más adelante, esto pudo haber sido posiblemente una suerte. Las condiciones de las carreteras en Turquía, sobre todo en sus zonas más remotas, han sido verdaderamente inimaginables, y el recorrido que me habría gustado hacer habría deteriorado la resistencia de cualquier chófer. Al este y noreste de Ankara las condiciones resultaban ya en 1962 casi imposibles: en mayo, el suelo no estaba todavía seco, y el riesgo de quedar atrapado en el barro, sin posibilidad de ser ayudados, estaba presente siempre. Los ríos seguían en su máximo caudal y tenían que ser superados a nado, sin saber si la profundidad del agua podía garantizar poderla cruzar de alguna manera segura. Los recuerdos de los riesgos y de las experiencias afrontadas me acompañarán durante mucho tiempo. Hoy en día, en la red de carreteras, están en obras grandes mejoras, las cuales comprenden también la construcción de carreteras aptas para todos los tipos de vehículos.

En la Enciclopedia Británica, Asia Menor comprende Turquía, Armenia, Chipre y la península Arábica al completo. En esta ocasión mis investigaciones se han limitado a lo que comúnmente es considerada Asia Menor, es decir, la zona comprendida entre los límites de la Turquía contemporánea, al este del Bósforo y de los Dardanelos, que llega aproximadamente a cubrir 300.000 millas cuadradas, unas 900 millas desde el este hasta el oeste y 300 desde el sur hasta el norte. Esta no es una porción de territorio extremamente extensa, pero en su interior tienen sus hábitats un cierto número de razas distintas. Esto puede parecer sorprendente, pero solo si se tiene un conocimiento de la topografía y las variaciones climatológicas de esta área.

La Anatolia está rodeada de una cadena montañosa al norte, este y sur, y una cadena más baja, entre en los extremos occidentales de los montes Pónticos y Tauro de la Licia, que se cierra en un círculo. Estas montañas occidentales, aunque a tramos, alcanzan los 8.000 pies, declinando hacia el Mar Egeo y el Mar de Mármara. Hacia la extremidad oriental ocurre al revés, dado que la máxima altitud lo alcanza, con 16.916 pies, el monte Ararat, donde según la tradición se habría encallado el barco de Noé. Dentro este anillo de montañas está la Anatolia central, una estepa con altitud media de 3.000 pies sobre el nivel de mar. A lo largo de la costa de Alejandreta y de los Dardanelos el clima es mediterráneo, con inviernos lluviosos y veranos secos. La costa septentrional, desde Bósforo hasta Batumi, presenta fuertes precipitaciones todo el año, que aumentan poco a poco a medida que nos acercamos al Cáucaso.

La Anatolia central tiene veranos cálidos y secos e inviernos rígidos, con temperaturas que en Ankara alcanzan los 46 °F. Las precipitaciones son escasas, con una media de 13 pulgadas al año o menos. Las lluvias distribuidas durante el año, como en el caso de la costa del Mar Negro, en la Anatolia central son desconocidas. Aquí la poca lluvia que cae llega más bien en invierno y en primavera. Durante gran parte del verano, esta región del Asia Menor presenta un escenario no muy diferente del desierto árabe, que se encuentra a centenares de millas más hacia el sureste. El enorme lago salado, el Tuz Gölü, en el corazón del altiplano, parece solamente enfatizar la aridez de la Anatolia central.

En las llanuras fértiles y semitropicales, y en los protegidos valles de Cilicia y de Antalya, algunos de los recursos de néctar son el eucalipto, naranjos, limones, palmeras datileras y algodón. En los abundantes pastos de las vertientes meridionales de los Tauro se pueden encontrar numerosas variedades de trébol. En las regiones más elevadas, robles y pinos proporcionan melaza, y la flora alpina néctar. En la costa del Mar Negro encontramos una vegetación mucho más variada y abundante respecto a aquella del Mediterráneo, a causa de las precipitaciones más intensas y distribuidas en el arco de todo el año – aunque al oeste del promontorio de Sinope la vegetación tiende a ser pobre o menos variada, al mismo tiempo que las precipitaciones, acercándonos al Bósforo, disminuyen.

Casi de repente, al este de Sinope, entre Gerze y Alcam hay una amplia extensión de bosque con una riqueza tal de vegetación que no tiene paragón en otros pueblos. El mejor tabaco del mundo viene de la zona de Bafra y Samsun. Al este de Samsun se pueden ver en cualquier lugar cítricos y olivos, y al este de Trebisonda hay grandes cultivos en extensivo de té. Sobre las tierras elevadas detrás de las llanuras costeras hay bosques de pinos, abetos, cedros, robles y hayas. En las laderas expuestas hacia el norte son comunes diferentes variedades de erica, entre la cual *Erica arborea* y brezo. Aquí está presente también el *Rhododendron ponticum* y el *R. luteum*, de los cuales se extrae miel venenosa.

La vegetación de Anatolia occidental es más parecida a la de Europa meridional. La zona al sureste de Esmirna es una de las más bonitas regiones del mundo para el cultivo de frutales. Aunque conocida principalmente por sus higos y uva pasa, aquí parece que crezcan a la perfección distintos frutos. La región es también la más preparada para la apicultura de toda Asia Menor. La Anatolia central, por otro lado, es menos favorable: la primavera llega de repente con una efímera explosión de vegetación que antes de la mitad del verano se deteriora, mientras el campo se pone seco y de color marrón. En esta parte de Turquía casi no hay árboles, solo cerca de las casas. Pueblos y ciudades de esta estepa sobreelevada durante el verano son parecidas a un oasis, aunque en lugar de palmeras están presentes más bien majestuosos chopos. Como es de esperar, el flujo de néctar de esta región es corto pero abundante, seguido de tres o cuatro meses de aridez, sequía y carestía antes de la llegada del invierno. En primavera termina la campaña con una profusión de verde con muchas flores para mí desconocidas. Todavía, a juzgar por la miel que se produce y de la vegetación que he podido ver, puedo concluir que la principal fuente de néctar son principalmente diferentes variedades de cardo.

Al este del altiplano central, hacia las elevadas tierras de Armenia, la orografía se eleva rápidamente, con un correspondiente aumento de las precipitaciones y de la severidad del clima. También en la vegetación hay una gradual transformación: superada Sivas, también al final de verano, es posible ver verdes pastos. La miel aquí es similar a la que hay en Inglaterra, se produce del trébol blanco, con la única diferencia de una mayor densidad.

En Bayburt, a 5.000 pies, la vegetación parece pobre y dispersa; aun así he encontrado algunas colmenas modernas con dos alzas Langstroth llenas de miel. Kars, que está cerca de la frontera con la Unión Soviética, es considerado uno de los lugares de mayor producción de miel. Pero aquí, como en muchas otras áreas con extendidos bosques, la producción principal es la melaza.

Asia Menor, desde la antigüedad, es famosa por su miel venenosa, extraída del *Rhododendron ponticum*, de las flores violeta, y de la azalea amarilla, correctamente llamada *R. luteum*. Estos dos arbustos crecen naturalmente en cantidad solo en las costas turcas del Mar Negro, que son sus hábitats originarios.

Los síntomas originarios del envenenamiento son náuseas, vértigos, dolor de cabeza, ofuscamiento a la vista y ceguera temporal; la gravedad depende de la sensibilidad individual y de la cantidad de veneno ingerida. Recientemente han sido denunciadas pérdidas de abejas en regiones como Escocia donde los rododendros crecen abundantemente, pero durante mi visita al Mar Negro nunca antes había escuchado hablar de mortandad de las abejas relacionada con esta causa.

En el Instituto de apicultura de Ankara me mostraron un listado de floras nectaríferas de Turquía. En aquel listado están incluidas plantas conocidas, como la lima, acacia y castaño, las cuales he podido ver a menudo, pero nunca en medida suficiente como para constituir un recurso de - importancia. Para las guías de que disponía la apicultura era un tema desconocido, y la dificultad para comunicarnos ha sido un hándicap más. Todavía, desde la información recogida, no tuve ninguna duda de que la variedad de flora de Asia Menor ofrece a los apicultores grandes posibilidades.

La agricultura es la principal fuente económica de la Turquía, y es la ocupación principal de la mayoría de las personas. Desde el final del imperio otomano se han dado pasos enormes para levantar los estándares de cualquier sector de la agricultura. Cada pueblo tiene, hoy en día, un director agrícola, y en muchos de ellos existe una escuela de agricultura en la cual chicos y chicas reciben clases gratuitas. Entre los contenidos está incluida la apicultura, y en los distritos de estas escuelas he encontrado a menudo un apiario moderno. En uno de estos encontré también la herramienta para producir láminas de cera. Además, hay centros experimentales y de crianza en todo el país, desde los cuales el agricultor emprendedor, el cultivador de frutales o los avicultores pueden abastecerse con material de primera calidad. En muchos de estos centros está presente también la apicultura, pero para todas las cuestiones relacionas a este sector el centro más importante de todos es el Instituto de Apicultura que ya recordé, el Türkiye Aracilik Enstitüsü, Umam Müdürlügü, en Ankara. Después de mi visita de 1.954 se ha provisto de un centro para la crianza de reinas, por lo que es el único lugar en toda Turquía en el que la selección de reinas se atiene a criterios modernos.

El Ministerio de Agricultura, periódicamente, publica estadísticas que incluyen el número de colonias ubicadas en colmenas modernas y tradicionales en cada pueblo, pero las cifras proporcionadas no pueden ser muy precisas. A menudo hay grandes fluctuaciones en el número de colmenas, debido a la sequía del Anatolia central o por otras excepcionales condiciones adversas en las regiones orientales del país. Generalmente se considera que el número medio de colonias supera el millón, y que muchas de estas actualmente están ubicadas en colmenas tradicionales.

En ningún pueblo que pudiera visitar vi diferencias de colmenas tradicionales. En la mitad septentrional de Turquía, y en cualquier lugar donde sea la madera un recurso abundante, están normalmente en uso largas colmenas de madera, con la medida de 3 pies x 10 pulgadas x 8 pulgadas (1 m x25 cm x20 cm). En la parte posterior tienen una tapa movible, o, más a menudo, una sección separable en la parte superior, desde la cual se puede coger la miel al final de la campaña. Usan las colmenas en los dujos, es decir, troncos cortados por la mitad y vaciados con un cincel. Para alcanzar la miel se levanta la tapa superior, con los panales pegados en ella. Las colmenas cilíndricas de mimbre aparecen más frecuentemente en la parte más Meridional del Asia Menor, pero he visto unas pocas también en las regiones septentrionales. Todas estas colmenas, con pocas excepciones, eran utilizadas en posición horizontal. Ocasionalmente, he visto colmenas colocadas una encima de la otra, y guardadas debajo de un cobertizo, aunque, muy frecuentemente, estas mismas eran también colocadas en fila singularmente. Cerca de Isparta tropecé con colmenas en mimbre más o menos de la dimensión de nuestras cestas, pero éstas con forma puntiaguda y recubierta de arcilla exteriormente. Puede ocurrir raramente el ver colmenas con extrañas formas. Los tubos de arcilla, utilizados generalmente en Siria, en los otros países árabes y en Chipre, en Asia Menor parecen ser muy poco comunes.

Las colmenas modernas que están en uso son casi exclusivamente las Langstroth, tanto en dimensión, como modelo, aunque en Adana encontré un apiario con colmenas de inusual tamaño, constituidas de doce cuadros alrededor de 10 x 10 pulgadas, colocadas paralelamente a la piquera. Las colmenas estaban construidas con precisión y bien cuidadas, y parecía que el dueño era un experto apicultor. Cerca de Trebisonda encontré, con sorpresa, una colmena con cuadros estrechos, una de las más recientes, tal cual había propuesto un inventor francés hace quince años, más o menos. Me sorprendí al ver también que en un buen número de las escuelas agrícolas, las colmenas eran de modelo inglés, con techos en forma de pirámide, levantadas con una protección, piqueras largas hacia abajo y con patas. No conseguí descubrir como esta particularidad constructiva haya encontrado la manera de llegar hasta Asia Menor.

La colmena moderna en Turquía no se enraizó rápidamente como en muchas otras partes del mundo, aunque el Ministerio de Agricultura ha hecho de todo para que se utilizase en cualquier sitio. Parece que las autoridades, al comienzo, no apreciaron que la colmena moderna tuviera ningún valor sino con las láminas de cera y el extractor de miel. En mi primera visita observé una gran cantidad de herramientas modernas en estado de abandono. Y donde éstas se utilizaban me choqué a menudo con un caos desordenado de panales, construidos por las abejas como les conviniese. Un apicultor, evaluando la necesidad de láminas de cera, había llenado los marcos con láminas de cera llanas, que parecían ser sacadas volcando la cera líquida en un molde de piedra. Por lo tanto, no hay que sorprenderse de que haya habido una vuelta atrás a la colmena tradicional, dado que ni los apicultores más expertos sabían cómo intervenir en una colmena como esta, y no sabían cómo extraer la miel al final de temporada. En mi última visita pude observar con mucho gusto que, en cualquier lado, las colmenas modernas estaban constituidas con láminas de cera. Evidentemente, en los últimos ochos años transcurridos el progreso había avanzado en todos los sectores.

ASIA MENOR 1.972

Como indiqué en el capítulo anterior, había visitado ya Asia Menor en dos ocasiones: la primeva vez en agosto-septiembre de 1.954 y después en mayo de 1.962. Estos dos viajes fueron, en cierta medida, por territorios muy parecidos, pero sí se procuré visitar regiones de Asia Menor completamente diferentes entre ellas. En 1.972 visité nuevamente las áreas del noreste y al norte de Ankara, pero algunas regiones que conectan el Egeo con Turquía occidental, que anteriormente eran zonas militares y que entonces eran inaccesibles a los extranjeros, podían ahora ser incluidas en nuestras investigaciones.

Partimos el primero de junio desde Alemania meridional y viajamos cruzando Austria, Yugoslavia y Bulgaria. Alcanzamos Turquía la tarde del 3 de junio, y pasamos la noche en Edirne. Por el camino hacia Estambul al día siguiente nos esperaba el Doctor Ismit Imri, el cual posee una granja ultra moderna, en una explotación apícola al norte de Silivri. Mientras nos conducía a visitar esta empresa apícola, nos dimos cuenta de que el término ultra moderno no era para nada una exageración. Desde su centro, el material criado con atenta selección era enviado a cada parte de Turquía. Gracias a la amabilidad del Doctor Imri pudimos obtener nuestras primeras reinas melíferas de la Tracia.

Por la tarde alcanzamos Estambul, donde el señor Aktuna, dueño de SEDEF, nos dio una calurosa bienvenida. Esta empresa fue fundada en 1.952, y gestiona la más grande nave de herramientas apícolas y de láminas de cera de Turquía, y también una nave moderna de envasado de miel. Esta misma posee también una gran empresa apícola en la provincia de Kars, en la frontera con la URSS. Durante nuestra visita, la nave de Estambul estaba trabajando a pleno rendimiento, y el sector de producción de las láminas de cera trabajaba día y noche. Como pudimos observar, aquí se podía comprar cualquier tipo de herramienta apícola moderna.

El señor Aktuna y su hijo nos ofrecieron su asistencia el día siguiente. Con su compañía cruzamos el Bósforo para visitar un cierto número de apicultores en la vertiente asiática – la Bitinia de los romanos. En seguida fuimos capaces de verificar que la abeja indígena de esta parte de Turquía no posee características de gran valor. Aun así, también de esta área pudimos obtener algunas reinas para ser utilizadas en nuestros test comparativos.

Eydin. Un colmenar de libro, con colmenas y unas medidas de los cuadros nunca vista en otros lugares.

Un panal de abejas anatoliaca.

Una protección para las abejas puestas en altura dominando la cuidad de Cankiri, a norte de Ankara.

Asia Menor

Zara, Turquía meridional. Un sitio para las abejas, con medida no usual, el cual alberga un montón de colmenas cilíndricas.

Colmenas a forma de cono en mimbre, cerca de Isparta, en la Turquía suroccidental.

El 6 de junio nos pusimos en marcha hacia Ankara. El encargado de asistirnos durante nuestras siguientes investigaciones fue el Doctor Fuad Blaci, asesor técnico del Ministerio de Agricultura. Por mi parte no se trataba de una persona desconocida: hacía algunos años, cuando trabajaba en la universidad de Erzurum, me había conseguido amablemente algunas reinas de la variedad armenia. El día siguiente a nuestra llegada, después haber despachado todos los compromisos y las preliminares formalidades, nos pusimos inmediatamente a trabajar. Visitamos una serie de apicultores cerca de Ankara, primero uno con colmenas modernas, luego otro con alrededor de 100 colmenas tradicionales, construidas en mimbre. En este caso, para inmovilizar a la reina, era necesario injertar unas "guías", acompañadas de rituales románticos que hacían parte de una apicultura de otra época. Al día siguiente seguimos hacia Corum, Samsun y hacia la costa del Mar Negro. El día después llegamos a Sinope, el punto más septentrional de Turquía. Como demostraron nuestros experimentos de cruces selectivos, esta parece ser la zona en la cual tiene su hábitat una de las mejores variedades encontradas en Asia Menor. Desde Sinope, nuestra investigación nos llevó hacia el sur, cruzando los montes Pónticos y a Ilgaz, luego al oeste por Circasia, y desde aquí hacia el sur y luego de vuelta a Ankara, donde pudimos enviar por avión a Inglaterra las reinas que habíamos recogido. En relación a los resultados de las investigaciones realizadas hasta ahora, la zona al norte y al noreste de Ankara parecen guardar las más apreciables variedades de abeja anatoliaca, tanto desde el punto de vista económico, como del cruce selectivo.

Nuestra siguiente investigación, dejando atrás Ankara, nos llevó en dirección suroeste, hacia Burdur. La carretera hacia Burdur nos empujó hacia el altiplano central de Asia Menor, pasando por Chay-Afyon y por el lago Egirdir, donde, a sus orillas, explotó la cubierta del vehículo, terminando de mala manera como en mi anterior viaje. En Chay-Afyon nos esperaba un apicultor excepcionalmente ingenioso, cuya profesión era la enseñanza. Con la típica amabilidad oriental, nos invitó a quedar por la noche, aunque no pudimos aceptar su hospitalaria oferta, dado que estábamos obligados a respetar nuestro programa de marcha. Poco después haber dejado Chay-Afyon, debíamos alcanzar un puerto de montaña. Pero, dado que durante toda la tarde se habían producido violentos temporales, las condiciones hicieron imposible la travesía del puerto, cosa que habría significado, una vez más para nuestra investigación, el fin del viaje. Gracias a la habilidad y a la sangre fría de nuestro chófer conseguimos llegar a Burdur, aunque ya en plena noche. Burdur se encontraba a una altura de 870 m. sobre el nivel del mar, a la orilla de un lago. Encontramos así un agradable aire fresco, después del calor que tuvimos que soportar durante toda la travesía del altiplano. Por otro lado, el calor sufrido en aquellos días solo fue el comienzo de lo que habríamos tenido que soportar en los días siguientes. Estábamos ahora en la extremidad de la región subtropical de la Turquía suroriental, el paraíso de Asia Menor. Cítricos, olivos, higos, albaricoques, nectarinas y viñas se extendían en cada dirección hasta donde alcanzaba la vista. La flora silvestre, hasta donde se podía observar, competía en esplendor y abundancia con la profusión de los frutos de esta región, una razón justificada para hacer este viaje.

Estas zonas de Asia Menor son, además, de inmenso interés histórico y cultural. Estas abrazan una de las áreas más mencionadas de la predicación de San Pablo. Al este del lago Egirdir, en la zona que habíamos cruzado el día anterior, se encuentra la Antioquía de Pisidia.

Mientras, aquel día habríamos pasado por la antigua Colossi, llegando el día siguiente a Éfeso. Habríamos recorrido, de hecho, los pasos de San Pablo hasta nuestra salida de Tesalónica, el día 19 de junio.

Después de haber dejado las elevaciones que rodeaban el lago Burdur, hicimos la siguiente parada en Kusadani, en la costa del Egeo. A lo largo del camino hacia Kusadani pasamos por Dinar, Aydin y Solke. En Aydin nos esperaba el señor Ahmet Istek, que habíamos encontrado en la precedente visita por esta región. Sus abejas habían sido ya transportadas a los bosques de pinos a lo largo de la costa, en frente de la isla griega de Samos. Nos pusimos en marcha en seguida para alcanzar aquel lugar en su compañía. Las pistas que pasaban por estos bosques, llevándonos a la zona donde se colocaron las colmenas, resultaron más complicadas que cualquier otro camino que se nos presentara durante el viaje a Turquía. Por otro lado, la flora subtropical y los escenarios eran de una belleza incalculable. Aunque la pista estaba casi impracticable, se calcula que cada año, en agosto, son trasladadas a esta área alrededor de 60.000 colmenas, para cosechar el botín de melaza de los abetos. Otro ejemplo de cómo los apicultores no se dejan desanimar por ninguna dificultad o incomodidad.

El señor Istek, antes de despedirse de nosotros, nos llevó hasta Kusadani. Llegamos a esta encantadora localidad del Egeo cansados y agotados, después de un día de muchas impresiones y experiencias con temperaturas tropicales que hasta ahora no se habían presentado. Pero al día siguiente lo pudimos llevar mejor.

Después de una corta visita a Éfeso, nuestra siguiente parada fue el Instituto para la Agricultura de Menemen, ubicado a unos 45 km. al noreste de Esmirna. Este instituto es sin duda en su género el más grande y avanzado de toda Turquía. También, la sección dedicada a la apicultura. Al momento de nuestra visita al departamento, el Doctor Alev Settar era el director – un alumno del Prof. Ruttner. Nos dimos cuenta de que Settar, además de ser un científico de capacidades excepcionales, era capaz también de apreciar los aspectos prácticos de la apicultura. Bajo su dirección se impartían cursos constantemente sobre cada aspecto de la apicultura más moderna y sobre la cría de abejas reinas. Además, el Instituto ponía cada año a disposición de los apicultores alrededor de mil reinas de origen seguro. Según nuestros resultados, las abejas indígenas de esta región no son resistentes y remunerativas como las variedades que encontramos al norte y noreste en Ankara. Son de color oscuro también, mientras la típica anatoliaca es de un color naranja pálido.

La siguiente etapa de nuestro viaje nos llevó, pasando por Manisa a Akhisar, hasta Balikesir. El doctor Settar se ofreció a llevarnos hasta Akhisar. Aquí, a través de un apicultor comercial, recibimos un número casi infinito de reinas. Nos estábamos acercando hacia aquella parte del Asia Menor que generalmente está considerada la más apta para la apicultura de toda Turquía. Nos pareció que la abeja indígena de esta región, en el color y en los signos distintivos, parecía muy cercana a la abeja anatoliaca. Para llegar a los apicultores de los pueblos en la zona de Balikesir, estuvimos nuevamente obligados a alquilar un jeep. La *Mercedes* del señor Fehrenbach, utilizada para afrontar las peligrosas pistas para visitar los numerosos colmenares de estos apicultores, la tendríamos que tirar al desguace al final de este viaje.

En la conclusión de esta última búsqueda en las salvajes tierras de Turquía occidental, pudimos volver y dirigirnos hacia Europa. No recorrimos el camino más rápido, dado que nos esperaba una cantidad de trabajo en la Grecia septentrional y en Yugoslavia.

Dejando Balikesir seguimos el camino que pasa por Edremit y Troya hasta Intepe. En la bahía de Edremit pasamos debajo del monte Ida y por los legendarios lugares donde Paris expresó su mortal veredicto. Unas pocas millas antes de Intepe, cruzamos la carreterilla que llevaba a Troya, donde Homero había vuelto inmortal su Ilíada. En aquel momento estábamos demasiado cansados como para dedicar la mínima de nuestra energía que nos quedaba para una visita, aunque la ciudad de Troya estaba a un palmo de distancia. Pocas horas de descanso después de muchos esfuerzos, sin apenas interrupción desde el momento en que pisamos el suelo asiático, hace dos semanas, lo pudimos hacer por un deseo que se había apoderado de nuestras mentes.

Por la noche encontramos alojamiento en un motel al sur de Intepe, ubicado directamente en la orilla del mar, a la entrada de los Dardanelos. La cena fue servida en la orilla, a unos pocos metros del agua. Con los últimos rayos de sol que se marchaban detrás de lo que quedaba de la antigua Galípoli, se nos presentó la ocasión de reflexionar sobre los acontecimientos y las experiencias vividas después de haber cruzado el Bósforo, una noche de hacía bastantes días atrás. Ningunos de mis compañeros había estado antes en Asia Menor ni tampoco en una parte del mundo en la cual la vida transcurriese como hace miles o más años atrás. Si a tramos tuvimos que adaptarnos en afrontar extremos inconvenientes y, a menudo, condiciones de vida primitiva, no estábamos mentalizados para afrontar los riesgos que tuve que aguantar en mis dos precedentes viajes por Asia Menor.

Si se comparan las condiciones de la Turquía de hoy en día con aquella de hace veinte años, son evidentes las inmensas mejoras en toda dirección. Así, también en la apicultura, y especialmente en el rápido paso desde la colmena tradicional a la colmena moderna. Aun así, estas mejoras eran todavía inferiores respecto a aquellos métodos de gestión más avanzados.

En este relato no presenté con abundancia de detalles las diferentes razas de abeja melífera que hemos encontrado en Asia Menor, dado que se había hecho con anterioridad. Sin embargo, es necesario nuevamente subrayar que Asia Menor representa un único centro que recoge una serie de razas distintas, diversamente – por lo que yo sé – respecto a cualquier otro lugar del mundo. Hay que añadir que es la patria de una cantidad de subespecies de opcional valor comercial, y extraordinariamente apta para el fin del cruce selectivo. Esta ulterior investigación, que ha abarcado zonas de Turquía que no habían sido exploradas anteriormente, confirmó una impresión que ya en mi primera visita de 1954 por Asia Menor me había creado.

GRECIA

Al amanecer del 16 de junio nos dirigimos a un barco el cual nos debía llevar a través los Dardanelos, desde Canakkale hasta Escabet, en la orilla europea. Desde Escabet tuvimos que cruzar en toda su longitud Galípoli, para llegar a Kesan, desde donde enviamos por avión el último contingente de reinas de Anatolia. La distancia entre Kesan y la frontera griega es solamente de treinta kilómetros. Aunque nuestra etapa siguiente era Tesalónica, que no conseguimos alcanzar antes del día después. Desde Tesalónica nuestras búsquedas nos llevaron al oeste de Edesa, cerca de la frontera con Albania, con el fin de conseguir en esta remota parte de Macedonia algunas reinas.

106

ESLOVENIA

El 19 de junio, desde Tesalónica, nuestro viaje nos llevó a Skopie, Niš, Belgrado, Zagreb y a Liubliana. En esta última nos esperaba el Prof. Ed. Senegacnik y algunos representantes de la Asociación de apicultores eslovenos. Eslovenia es la patria de la abeja cárnica; es un país de gran interés, y el espíritu de hospitalidad y de amistad de sus apicultores ostenta igual importancia.

Desde el punto de vista natural, con Las montañas Karavanke al norte y con los Alpes Julianos al oeste, Eslovenia posee un encanto y una belleza muy particular.

Nuestra primera cita fue visitar a Alojz Bukovsek, de Medvode, el criador de reinas conocido en todo el mundo, alguien a quien pude conocer mucho y muchos años antes. En nuestra agenda la siguiente parada fue la visita a una estación de apareamiento alpina gestionada por la Asociación de apicultores eslovenos, que lleva el nombre de Anton Jansa, el jefe apicultor de la Emperadora María Teresa. Esta estación de apareamiento se encuentra en el límite del bosque, en un valle apartado de Karavanke. Un refugio, con lo necesario para dormir y cocinar, permite a su gestor y a sus huéspedes quedarse durante tiempos prolongados. Una fuente de agua transparente a pocos metros del refugio ofrece una gran comodidad. Las reinas de esta estación son enviadas a todo el mundo y, como es fácil imaginar, la demanda supera en gran medida a la oferta. La pista que lleva a esta estación sin duda nos recordó las dificultades que tuvimos que afrontar en las perdidas montañas del Ponto – una prueba de cómo, cuando se trata de alcanzar el objetivo que se han puesto, los apicultores no se desaniman frente a las más grandes dificultades.

MARRUECOS – SAHARA 1.976

Durante mi primera visita a Marruecos, a finales de marzo de 1.962, en mi búsqueda había explorado solamente un pequeño número de oasis en los cuales se podía encontrar la *Apis millifera sahariensis.* Nuestros siguientes cruces y test comparativos se habían basado entonces sobre una muestra demasiado restringida. Aun así, los datos que habíamos obtenido indicaban que esta raza, si era cruzada de manera oportuna, poseía potencialidades únicas. Consideramos irrenunciable una ulterior y más amplia investigación, hecha para recoger informaciones más detalladas y las mayores ventajas posibles que esta raza pudiera ofrecer. Además, desde el punto de vista científico y práctico, estábamos firmemente decididos a incluir en la investigación todos los oasis en los cuales esta subespecie había estado incluida. Por lo que yo sabía, su presencia estaba distribuida desde AïnSéfray Figuig hacia el este hasta la costa del Atlántico al oeste, al sur del Atlas. Si excluimos AïnSéfra y eventualmente Colomb-Bechar, que se encuentran ambas en Argelia occidental, al límite con Marruecos, la raza se encuentra exclusivamente en el oasis del interior de las fronteras de Marruecos.

Los preparativos para empezar esta nueva expedición empezaron casi inmediatamente después de terminar la expedición por Asia Menor en 1.972. Como ya he indicado, queríamos visitar cada uno de los oasis en los que se encuentra esta abeja, para determinar las posibles diferencias en las características de las abejas de un oasis respecto a los demás. Normalmente los oasis están aislados uno de los otros en millas y millas de estepas aisladas, colinas rocosas

Zagora: el nicho de donde sacamos nuestra primera reina
sahariana en el 1976.

Sahara

Tafilalet: una colonia de sahariensis en el nicho de la pared de
arcilla en un jardín; la entrada de las abejas está en la parte
derecha.

Quitado una parte de pared, los tablones
para volver a proteger el nido se fijaron con
arcilla.

o infinitas dunas de arena. Hacen excepciones a los wadi (valles) de Draa y Ziz, donde, en las orillas de estos ríos, se pueden observar grupos de palmeras aisladas. Estos ríos tienen agua solamente en primavera, y se pierden en el desierto de arena.

La fecha de nuestra salida estaba fijada para el 20 de abril de 1.976. Pero cuando todos los preparativos estaban terminados, de repente, entre Marruecos y Argelia explotó un conflicto por la posesión de los territorios del Sáhara español. Supimos que todos los puertos del Altas y todos los oasis estaban tomados por los militares. No parecía haber ninguna duda de que, en aquellas circunstancias, seguramente no habríamos sido capaces de sacar adelante nuestro programa. Sin embargo, en el transcurso de pocas semanas, la tensión política y el riesgo de un choque político parecían desvanecerse inesperadamente. Aquello nos empujó a esperar un poco y poder intentar nuestro viaje – aunque probablemente no íbamos a poder desarrollarlo en toda su amplitud como se planteó en origen. Pero cuando alcanzamos el sur de España, algunas noticias preocupantes sobre lo que estaba pasando en Marruecos volvieron a poner en duda nuestro intento. Por suerte, permanecimos firmes en nuestra decisión de aislarnos de los malos augurios, y al llegar a Marruecos, el 25 de abril, con gran alivio descubrimos que aquellas noticias no tenían fundamento ninguno. En realidad, a excepción de algunos puntos de control de la policía entre los oasis, no encontramos ningún impedimento durante nuestras búsquedas en el Sáhara.

El señor Fehrenbach, una vez más, fue nuestro apoyo más importante. El señor y la señora Haccour nos prestaron un servicio sin igual como traductores y mediadores en los intercambios con las poblaciones locales. El Doctor J. F. Corr hizo lo propio como médico y apicultor. Los cónyuges Hoenmann, que se unieron con nosotros en Casablanca, nos ayudaron en todo lo que pudieron. Para cumplir semejante viaje es una prioritaria necesidad disponer de vehículos perfectamente eficientes e independientes. Nos dirigimos hacia el Sáhara con dos coches *Mercedes* y un sólido y pequeño camión *Ford*, sintiéndonos bastante seguros de poder afrontar sin dificultad cualquier imprevisto o peligro que "Allah" hubiera podido enviarnos.

Salidos de Marrakech, cruzamos el Atlas el 28 de abril, pasando por el Col Tizi n Tichka (2.270 m). Hicimos una breve pausa en Ouarzazate antes de seguir aún más hacia el sur por Zagora, a 171 km de distancia. Desde Ouarzazate la carretera pasaba en un primer momento a través de una serie de colinas muy pobres, luego, costeando el río Draa, que hacia el sur de Zagora se pierde entre la arena. A lado de la orilla del río, hasta Zagora, aparecían aislados grupos de palmeras rompiendo la monotonía del paisaje desértico. En seguida, al llegar a un oasis, el señor Haccourt se puso en búsqueda de apicultores. Durante la cena nos informó que dos de estos se habían ofrecido a vendernos una reina. Sin embargo, a la mañana siguiente, uno de ellos retiró su promesa, mientras el otro mantuvo su palabra. Este último se mostró muy generoso, dado que quiso vender su reina de la única colmena que tenía. Mientras se llevó a término la operación, nos entretuvo con la más auténtica amabilidad y hospitalidad mahometana.

En cada uno de los oasis que visitamos pudimos ver numerosos refugios obtenidos dentro de las paredes de barro que encerraban los jardines, para hospedar las colonias de abejas, pero muchos de estos no estaban ocupadas. Las duras condiciones climatológicas y la extrema penuria de recursos nectaríferos, además de la presencia continua de bandadas de abejarucos

(*Merops supercilliosus*) hacen la supervivencia de una colmena casi imposible a largo plazo. De hecho, tropezamos con un único jardín donde estos nichos estaban todos ocupados. Examinando más de cerca, algunos no tenían reinas, y estaban condenados a sucumbir. Es verosímil que las reinas hubieran sido capturadas por los pájaros durante sus vuelos de fecundación. Por esta razón derivó el problema casi insuperable de poseer una reina de esta raza en cualquier momento.

Localizar una reina en todos aquellos agujeros presentaba una nueva dificultad: es necesario cortar cada panal desde la parte superior del refugio, y debido a la extrema susceptibilidad de esta raza, la reina tiene que ser localizada y capturada entre el nerviosismo de las abejas, entre la penumbra del agujero – una operación que no fue para nada fácil. Pero en una colmena moderna, sobre todo con los cuadros defectuosos, la búsqueda puede resultar un reto aún más desesperado – como tuvimos la ocasión de verificar con gran desánimo en 1.962, cuando el gobernador de Goulmina nos ofreció capturar una reina en una colmena en aquellas condiciones.

A pesar de su inusual nerviosismo, esta subespecie, cuando es pura, puede ser descrita como de buen temperamento, dado que fuimos capaces echar a las familias sin el uso del humo o de cualquier otra protección. EL señor Hoenmann, que hasta aquel momento había tenido solamente abejas intermisas, le costaba creer que podía existir una abeja tan tranquila como la sahariensis. Por otro lado, como nos demostró la experiencia, en climas fríos o en particular cuando esta es cruzada de manera no óptima, esta subespecie puede revelar una agresividad que difícilmente encuentra igual.

Después de terminar nuestras investigaciones en Zagora, donde el calor se hizo casi insoportable, volvimos a Ouarzazate y desde aquí nos dirigimos hacia el este a Tinerhir, Goulmina y Ksar es-Souk. Nos habían asegurado que en Goulmina hubieramos encontrado alojamiento, pero la información resultó equivocada. Tuvimos que seguir hasta el oasis siguiente y regresar por segunda vez a Goulmina, aunque la mala suerte nos hizo volver inútilmente. Nos habían ofrecido una reina, pero debido a una serie de desafortunadas coincidencias tuvimos que partir por segunda vez de aquel oasis sin nada. Desde Ksar es-Souk era posible alcanzar todos los oasis que teníamos intención de visitar. En un primer momento visitamos uno al sureste, luego otro ubicado al este, y después Erfud, que distaba 99 km en dirección sur. En Erfud nos recibió un apicultor que habíamos conocido por primera vez en 1.962, y que nuevamente nos ofreció toda la asistencia posible muy generosamente. Según nuestro programa originario, habríamos tenido que seguir por Ksar es-Souk hacia el este, hasta Boudenib y Figuig. Este último es el oasis más oriental de Marruecos, de hecho, se encuentra actualmente en la frontera con Argelia. Considerando la incierta situación desde el punto de vista militar renunciamos a terminar esta parte de nuestro programa.

Habíamos casi alcanzado los objetivos principales que nos habíamos propuesto, y por tanto estábamos preparados para volver al norte el primero de mayo, – esta vez cruzando el Col du Zad. Pero el día anterior, en esta zona del Atlas, se había desatado un violento temporal y la noche anterior al viaje nos informaron de que el puerto estaba cerrado por los desprendimientos causados por las lluvias torrenciales. Esto significaba que habríamos tenido que volver a Uarzazat y luego a Marrakech desviándonos por un largo tramo y perdiendo mucho tiempo.

Sin embargo, durante la noche, el Col du Zal quedó abierto al tránsito. Y así, a pesar de los rastros amenazadores que dejó el temporal, hicimos el camino más corto. Esto nos dejó al mismo tiempo la posibilidad de visitar Gourrama, un remoto pueblo apartado a los pies del Altas meridional, ubicado a 45 km al este de nuestro recorrido principal. Nos habían dado el nombre de un apicultor y nos habían asegurado que en aquel pueblo habríamos encontrado la sahariensis pura. La información resultó equivocada en ambos aspectos. Durante todo el recorrido pudimos observar temporales que sacudían las cimas del Atlas, mientras nuestro viaje se iba tornando siempre más peligroso. Riesgos y peligros no consistían tanto sobre las propias precipitaciones, sino a los aluviones que la masa de agua creaba, cruzando con mucha fuerza algunos tramos de carretera, y llegando a menudo a una altura de cuarenta centímetros. Los peñascos que arrastraban no eran fáciles de detectar, y constituían un importante peligro para nuestro coche. En el lado septentrional del Atlas se desataban fuertes tormentas de nieve. A pesar de los problemas y los riesgos de aquel día, hacia el anochecer alcanzamos nuestro destino, Fez. Fez está considerado como uno de los centros más importantes de la tradición y cultura islámicas, pero para nosotros fue, sobre todo, un refugio para el descanso de una noche, del cual había verdadera necesidad.

Algunos meses antes de nuestro viaje, el Prof. Ruttner llamó mi atención en el descubrimiento de una variedad local de *Apis mellifera intermissa,* con la cual tropezó casualmente en las montañas del Rif, en el Marruecos septentrional. Según sus datos biométricos esta abeja poseía el cuerpo y las alas más grandes, y la lígula más larga que cualquier otra abeja conocida. Por lo tanto, la bautizó *Apis mellifera major nova.* En 1.962, explorando la región al oeste de las montañas del Rif, observé una notable variación del color, del comportamiento y de otras características de la Intermisa de Marruecos. Parecía, entonces, que esta zona de Marruecos encerraba el núcleo de una variación de la típica intermisa de color negro azabache. El Prof. Ruttner nos sugirió visitar las montañas del Rif, para desarrollar una búsqueda suplementaria. Esta fue, de hecho, la razón principal por la cual hicimos un desvío hasta Fez, desde donde procedimos al día siguiente hasta Ketama, un pequeño pueblo en el corazón del Rif. Al llegar a Ketama encontramos un mundo completamente diferente. Una densa niebla reducía la visibilidad a pocos metros, pero al día siguiente el sol brillaba en un escenario de maravillosas montañas, con cedros seculares y la nieve casi a la mano.

Nuestra primera etapa fue Targuist, el lugar donde el legendario combatiente por la libertad, Abd el-Krim, fue puesto contra la espada y la pared por las fuerzas franco-inglesas en 1.926. A pocas millas de esta ciudad, una organización agrícola alemana había fundado un centro para ayudar a la población indígena en el desarrollo de su propio país. Antes de llegar a Marruecos me había puesto en contacto con esta organización, y ellos me habían sugerido que nuestra búsqueda se desarrollase en dos direcciones distintas, y, más precisamente, al sur de Targuist hasta el mar y al norte en las regiones más remotas del Rif. Dado que teníamos solamente un día a disposición, no nos quedó otra alternativa que formar dos grupos. El primero se acercó con el señor Haccour y un representante agrícola de Targuist hasta Torres de Alcalá, en el mar. Aquí prospera una vegetación tropical de todo tipo, con gran profusión. Gracias a los buenos departamentos del Kaid de esta ciudad se encontró rápidamente un apicultor que nos ofreció cuatro colonias dentro de colmenas tradicionales de corcho. Debido a que teníamos que transportar estas colmenas de corcho dentro de viejos sacos de yute hasta Targuist, fuimos capaces de aceptar solamente dos. El segundo grupo, que exploró la parte más perdida del Rif, donde las condiciones climatológicas eran opuestas respecto a las del mar, en su búsqueda tuvo la misma suerte.

Por lo que pudimos comprender, las revelaciones del Prof. Ruttner quedaron totalmente confirmadas. Además, no encontramos para nada agresivas a estas abejas, como sí se demostraron las intermisas de las otras regiones de África septentrional. Por otro lado, como descubrimos después, la agresividad de la intermisa aparece cuando es cruzada, junto a todas las otras características del prototipo. Nuestros test comparativos, al final, demostraron que las variedades puras y cruzadas revelan un consumo extraordinario de reservas en invierno. Este gasto era mucho más del doble de la abeja de la Anatolia F-1 puesta en la misma circunstancia. Esta innovadora diferencia probablemente se debe a un enriquecimiento congénito durante los meses invernales. Solamente el tiempo podrá determinar si esta subespecie de la intermisa posee alguna especial característica de relieve económico.

El 4 de mayo cruzamos nuevamente el Estrecho de Gibraltar, satisfechos de los resultados alcanzados en nuestras investigaciones. Por otro lado, no conseguimos eliminar de nuestras mentes el miedo sobre el fututo de *Apis mellifera sahariensis*. Esta raza había sido capaz sobrevivir hasta ahora, completamente aislada y sin ningún contacto con el mundo, hasta la última glaciación. El uso descontrolado de los pesticidas en estos oasis podría fácilmente marcar su desaparición definitiva. La pérdida irremediable de esta subespecie significaría sin duda una grave pérdida para la apicultura y, aún más, para el ámbito del cruce selectivo.

GRECIA 1.977

Y en - 1.952, durante mi primera visita a Grecia septentrional, me di cuenta de que habría llegado un momento en el que la típica subespecie macedonia de la abeja griega habría desaparecido. Después de la última guerra, los modernos medios de transporte han permitido a los apicultores de cada rincón de Grecia trasladar cada año sus apiarios a Macedonia, hacia los bosques de pinos de la Calcídica y en la isla de Tasos, para producir durante el mes de agosto la abundante melaza. Esta indiscriminada mezcla de las diferentes configuraciones genéticas llevó a un progresivo deterioro de las características hasta ahora distintivas de la subespecie macedonia de la abeja griega. De hecho, este deterioro, que se verificó en los últimos treinta años, ha sido confirmado gracias a las reinas que nos hemos procurado en épocas distintas, a partir de 1.952. Por esta razón suponemos que la única manera de encontrar la variedad de la macedonia original fue en las regiones mucho más hacia afuera de Kassandra, Longos y en la península de Monte Athos. Nuestras búsquedas de 1.977 se habían concentrado sobre Kassandra y Longos. En aquel momento no se pudo incluir Monte Athos, porque no conseguimos obtener los permisos requeridos para desarrollar nuestras investigaciones sobre esta península. Además de estas dos penínsulas, incluimos en el viaje la extrema punta meridional del Ática, Cabo Sunio. Cuando estuve anteriormente, me sorprendieron profundamente las singulares variedades de griega presentes en esta parte aislada del Ática – pero en aquel tiempo no había conseguido obtener ninguna reina.

Como puede pasar, los éxitos de nuestros esfuerzos en 1.977 estuvieron ampliamente limitados por problemas imprevistos. Al momento de nuestra visita, Grecia estaba a merced de una importante ola de calor que desde más de cincuenta años no se veía en aquella parte del mundo. El calor extremo nos dificultó mucho mantener a las reinas vivas y sus reservas. Sabía bien que las temperaturas superiores a 95° F pueden resultar mortales. En uno de los casos, para salvar una preciosa reina donde sus nodrizas habían muerto en pocas horas enjauladas, tuvimos que recurrir a recoger abejas en las flores de la orilla de la carretera, entre Atenas y Tesalónica. Y esta medida desesperada consiguió salvar la reina.

Aunque en ciertos aspectos los resultados obtenidos en este viaje superaron nuestras expectativas, los exámenes conducidos sobre las diferentes variedades recogidas revelaron que el deterioro que temíamos se había intensificado mucho más de lo que pensábamos. Mientras, quedaba por verificar si en el aislamiento del Monte Athos, en el Monasterio-República, habríamos encontrado la variedad original macedónica de la griega. Habría sido seguramente una grave pérdida si, en la confusión de la apicultura trashumante, esta particular variedad hubiese desaparecido.

LAS ABEJAS DE ASIA MENOR

Como hemos visto, La Península de la Anatolia presenta todo tipo de diversidad topográfica. El clima abarca desde el subtropical hasta las áridas estepas de los altiplanos, a condiciones casi árticas, todo en un radio bastante restringido. Con una variedad así de condiciones nos esperaríamos una correspondiente variedad en las abejas indígenas. De hecho, así es. A juzgar por los resultados de los estudios biométricos conducidos sobre las muestras que conseguí recoger en estos viajes ante una posible clasificación, puedo indicar en términos generales cuales son las razas que he encontrado, y algunas de sus cualidades y características fisiológicas.

Hasta ahora en Asia Menor no ha habido importaciones de abejas que hayan tenido grandes consecuencias. En el Instituto de Agricultura de Bursa se me afirmó que, durante un tiempo, hubo una importación experimental de un discreto número de reinas italianas, pero que las reinas de origen extranjero, cuando eran cruzadas con zánganos locales, producían una progenie con mal temperamento. Debido a estos resultados no satisfactorios, las importaciones fueron interrumpidas. Además de esto, dado que la apicultura moderna no ha sido hasta ahora practicada de manera intensiva realmente, se puede suponer que las abejas que se encuentran hoy en día no han sido cruzadas, y que encarnan, pues, los resultados que el medio impuso desde tiempos inmemorables. La apicultura trashumante, que desde este punto de vista podría tener consecuencias, no está demasiado practicada, sino solamente en los sectores occidentales cerca del Egeo, donde se encuentra también la mayor concentración de colmenas.

En el punto más meridional de Turquía, en Antakya – llamada también Antioquía – las abejas no son diferentes del *Apis mellifera* var. *syriaca*. Esto vale también para Gaziantep. Todavía, en Mersin, aunque las abejas siguen siendo extremadamente agresivas, me han parecido más grandes y prolíficas, y en absoluto parecida en el aspecto exterior a la *syriaca* pura. Estas diferencias han sido confirmadas por los cruces que hemos realizado actualmente en nuestros apiarios. Trasladándonos más hacia el noroeste, en Malatya, las diferencias (a excepción del color) siguen siendo pronunciadas. Este color naranja oscuro se encuentra al norte hasta Erzincan, pero no soy capaz decir cuánto se extiende hacia el este. Al norte de los

Montes Tauro no se la encuentra. En Gümüşhane, alrededor de 50 millas al norte de Erzincan, nos tropezamos con una abeja negra pura, que me parece diferente de la caucásica que ya conocíamos. Puede parecer sorprendente que, en una distancia así de corta desde Erzincan, se pueda encontrar una raza de abejas tan diferente, tanto en el aspecto exterior, como en el comportamiento.

Sin embargo, estos dos lugares están separados por una alta barrera de montañas que para las abejas es imposible de franquear. En Bayburt, 50 millas al este de Gümüşhane, que se encuentra a 5.000 pies en las pendientes del altiplano armenio, nos encontramos con lo que nos pareció un híbrido. En la costa del Mar Negro, la abeja negra se extiende hacia el oeste hasta Samsun. El arco de distribución al este de Trebisonda queda indeterminado. En aquel momento teníamos en nuestros apiarios algunos de los primeros cruces de esta subespecie del Ponto, y la encontramos prolíficas, buenas pecoreadoras, pero excesivamente enjambradora. Este cruce es diferente en muchos aspectos de todos los primeros cruces de caucásicas que hemos experimentado hasta ahora.

En este momento tenemos bajo observación reinas puras y de primer cruce que provienen de una localidad que va de Mersin, en el sur, a Sinope, en el norte, y desde las regiones del Asia Menor más orientales hasta la más occidentales – comprendidos algunos territorios europeos de Turquía. Pero estas observaciones, hasta ahora, han comprendido una sola estación y, desafortunadamente, en un año que se reveló desastroso, además de que, en esta parte del mundo, se produjo el invierno más rígido después de 1.740 que se haya podido registrar. Si excluimos entonces carácter, fecundidad, inclinación a la enjambrazón, parsimonia, capacidad de salida del invierno y algunas otras características, hasta ahora no nos ha sido posible hacer una evaluación de su capacidad de producción de miel relativa. Por otro lado, no habría sido posible encontrar una mejor ocasión que el gélido invierno de 1.962/63 para verificar la capacidad de salida del invierno de estas razas. Con pocas excepciones las abejas del Asia Menor han superado esta prueba de excelente manera, tanto por las variedades de raza pura como por los cruces.

Aunque no ha sido posible verificar el valor económico de las importaciones efectuadas en 1.962, toda evidencia sugiere que no será posible encontrar una abeja mejor que la de la Anatolia Central. Las primeras importaciones de esta raza nos llegaron en 1.955, cuando por fin tuve la oportunidad de evaluar de forma muy fiable su valor económico.

Desde su aparición, la abeja ha sido obligada a adaptarse al medio que la rodea o a morir. Las abejas indígenas de cada particular región reflejan en sus características las cualidades requeridas para sobrevivir en esta región. No existe, quizás, un mejor ejemplo que lo clásico que caracteriza a la abeja indígena de la Anatolia Central – *Apis mellifera* var. *anatoliaca*.

Ya describí el muy particular clima que domina la estepa en los altiplanos de la Anatolia central; este, a su vez, regula la flora de la cual la abeja depende para existir. En los altiplanos de Armenia los inviernos son todavía más rígidos y largos, pero las condiciones generales no son tan extremas como las de la Anatolia central – o, en ese aspecto, de cualquier otra región de Asia Menor.

Las abejas de Anatolia central, en su aspecto, no suscitan ninguna particular impresión. Son pequeñas, y en su tamaño recuerdan a las reinas chipriotas, pero no tiene la misma luminosidad y uniformidad en el color de esta otra raza. El color de la abeja anatoliaca puede describirse como un naranja descolorido, que en los segmentos posteriores dorsales y ventrales viran hacia el marrón. El *scutellum* solamente es de color naranja oscuro. Las reinas tienen un borde oscuro a medialuna en cada segmento dorsal – una característica de todas las razas orientales – pero aquí son de un negro amarronado, y en lugar del amarillo o del naranja claro, aquí tenemos el naranja oscuro. Escondidas debajo de este aspecto oscuro hay calidades de incomparable valor económico.

La abeja de Anatolia tiende a lo extremos, tanto en las buenas como en las malas cualidades. Por suerte, tiene pocas características indeseadas, la más grave de las cuales es su tendencia a construir puentes de cera entre los panales sin parar. Esto no tiene grandes consecuencias en la apicultura tradicional, con cuadros fijos, pero un exceso de construcción de cera anula la ventaja principal de la colmena moderna. La anatoliaca, además, utiliza muy abundantemente el propóleo, y esto aumenta las desventajas en la construcción de los puentes de cera. Aun así, ambos defectos son mitigados, y a veces eliminados, cuando las reinas de esta raza son cruzadas con unas buenas variedades de abeja italiana o, eventualmente, de abeja cárnica. En realidad, solo cuando es cruzada de manera oportuna – o en el primer o segundo cruce – los apicultores pueden esperar obtener de la abeja anatoliaca sus mejores resultados.

Considerando sus buenas calidades, creo que puedo afirmar con rotundidad que la anatoliaca destaca más allá de toda comparación – sobre todo en su potencia como pecoreadora, frugalidad y capacidad de salir del invierno. Cuando es cruzada, es extremadamente prolífica. Normalmente, hacia la mitad de junio, una cámara de cría del tamaño Dadant modificado de 12 cuadros pueden encontrarse llenas de miel y cría. No cría excesivamente al final de la temporada, como por otro lado son proclives a hacer muchas otras subespecies. En primavera es lenta para arrancar: antes de estabilizarse el buen tiempo no hará ningún esfuerzo decidido para aumentar su nido, pero luego superará a cualquier otra raza. No desperdicia energía y reservas valiosas en tentativas prematuras e inútiles, cuando el tiempo primaveral es cambiante y desventajoso. Después del flujo nectarífero principal, en momentos de carestía, se las ingenia para economizar las reservas y energías de manera extraordinaria. Considero la parsimonia de la anatoliaca – en particular en nuestras inciertas condiciones climatológicas y con nuestros inciertos flujos nectaríferos – como una de las cualidades económicamente más apreciadas, y que lamentablemente falta en muchas de las variedades de abejas de hoy en día, que cría en exceso durante las épocas de carestía. La experiencia demuestra que la abeja anatoliaca sabe ocuparse de sí misma en las épocas de carestía y en campañas ruinosas, cuando las otras abejas mueren de hambruna.

Ya describí su gran fertilidad y capacidad de criar. Quisiera, además, hacer notar aún más que, en el momento que se considera más favorable, sin grandes dificultades, es posible desarrollar con la selección una variedad capaz de colocarse fácilmente en un solo nido del tamaño British Standard.

Aunque sí es muy prolífica cuando está cruzada, la anatoliaca no es proclive a la enjambrazón, como demuestran nuestras experiencias. Tiene también un temperamento bastante templado, y aguanta la manipulación con la máxima calma y compostura, aunque al final se molesta por cualquier intromisión cuando el tiempo es frío, hacia la tarde. Además, hablando un poco más del carácter, parece haber una considerable diferencia en cada variedad, como he podido verificar personalmente, una vez en Turquía. Pero desde este punto de vista la anatoliaca no es una excepción: por lo que sé, no existe raza que no muestre una diferencia de temperamento entre una variedad y otra. En casi todas las razas o variedades, cuando son cruzadas de manera errónea, o cuando el apareamiento ocurre por casualidad con zánganos de origen desconocido, encontraremos como resultado un mal temperamento.

Como ya he indicado, la anatoliaca está dotada de una inagotable capacidad de trabajo – una dote que le permite transformar sus otras buenas cualidades en algo de un valor concreto. De hecho, esta abeja, entre todas las razas que conozco, desarrolla el más alto nivel de laboriosidad y capacidad de producir miel. Además de todo esto, nos encontramos de frente a una abeja que, no solo tiene un rendimiento extremadamente bueno en las épocas favorables, sino que mantiene el mismo rendimiento también en las campañas mediocres o malas. Esto tiene un significado y una importancia práctica mucho mayor respecto a una prestación extraordinaria en una época extremadamente buena. Su capacidad de trabajar bien también en los veranos más desafortunados fue demostrada claramente durante la desastrosa campaña de 1.963. Por otro lado, en las épocas excepcionalmente buenas del 1.959, cuando nuestra cosecha media alcanzó las 169,5 libras por colonia, los cruces de la anatoliaca superaban mucho más esta media, satisfaciendo nuestras expectativas en todos los aspectos.

La anatoliaca posee muchas cualidades y características que podrán sorprender a los que no conocen las peculiaridades de esta raza. Por ejemplo, las reinas de Anatoliaca, normalmente, necesitan una semana más después del apareamiento, para empezar a poner. Esta característica parece ser que no tiene nada que ver con el clima, dado que el mismo retraso se verifica también cuando el apareamiento ocurre en condiciones ideales. Por otro lado, he observado que el 25% de las reinas prestan sus servicios durante cuatro años completos, con la misma energía y fertilidad también en una colonia que produce normalmente miel. Se puede suponer que esta excepcional longevidad – que de verdad es considerable por la gran fertilidad de las reinas – puede, en cierta medida, ser transmitida a sus obreras. La extraordinaria fuerza de las colonias, en relación a la efectiva fertilidad de las reinas, no se podría explicar de ninguna otra forma.

Quisiera subrayar, una vez más, que de la anatoliaca pura no podemos esperar altísimas prestaciones. Las máximas potencialidades económicas de la raza se manifiestan solamente cuando es cruzada de manera conveniente. Además, dado que en su tierra de origen no se ha hecho todavía ningún tipo de selección, las reinas de la mejor variedad no se pueden obtener fácilmente. Pero no hay duda, en vista de los grandes progresos en Turquía actualmente, las posibilidades para obtener variedades de cría selectiva tendrían que aumentar considerablemente.

Si he tenido la suerte de descubrir en la abeja de Anatolia central una raza de excelente valor económico, los dos viajes por Asia Menor han estado acompañados por innumerables dificultades y vicisitudes. En 1.962 fui obligado también a cerrar antes de tiempo el programa del viaje a causa de un incidente. Mientras viajábamos por la orilla del lago Egidir explotó una cubierta – aunque teníamos unos neumáticos de repuesto especialmente resistentes, aptos para protegernos de una contingencia como esta. El coche cayó en un derrumbe y lo hizo sobre un montón de sedimentos. Afortunadamente los daños fueron solamente superficiales. Con la llegada de ayuda el coche fue nuevamente colocado en la carretera y fuimos capaces de seguir hasta el pueblo más cercano. Para las reparaciones más importantes tuve que esperar llegar a Salónica, algunas semanas más tarde.

ISLAS DEL EGEO

Después de llevar a cabo como mejor pude los fines que me había planteado en Asia Menor, seguí desde Edirne y Kavala hasta Salónica, donde las reparaciones del coche nos obligaron a una pausa de una semana. Aproveché esta oportunidad para realizar una exploración de la parte griega de Macedonia. Las autoridades de American Farm Institute amablemente se prodigaron para prestarme la asistencia que necesitara.

En 1.952 había enviado a Inglaterra el primer abastecimiento de reinas griegas. Con la ayuda de America Farm Institute fui capaz de procurarme un abastecimiento también de la Península Calcídica. La variedad originaria importada en 1.952 nos había dado resultados extremadamente buenos, y los años transcurridos no cambiaron esta opinión acerca de esta subespecie en absoluto. De hecho, considero a esta una de las razas más preciosas que poseemos. Estuve, pues, muy contento de la posibilidad de procurarme una nueva cantidad de variedades para seleccionar.

En 1.952, cuando exploré la Grecia continental y el Peloponeso, había incluido en mis investigaciones también a Creta. Ya en aquel momento me di cuenta de que mis investigaciones no estarían completas sin explorar algunas islas del Egeo – a pesar de las muchas dificultades que una visita a estas islas tan remotas conllevaba. El Mar Egeo comprende 483 islas, y al principio no estaba claro si solamente podía visitar unas pocas. En realidad, muchas de las islas están desiertas, o su vegetación es tan escasa que no podían responder a las necesidades para la subsistencia de las abejas. Por otro lado, hay islas como Tasos, Icaria y Samos, con una población de abejas increíblemente numerosa. Fui capaz de incluir estas islas en mi programa del otoño de 1.954, después de mi visita a Asia Menor.

Por muchos aspectos el Egeo es, realmente, una región maravillosa, pero un viaje por las islas puede resultar – con la excepción de los lujosos barcos de los turistas – una experiencia bastante desagradable. Los pequeños barcos a vapor que van y vuelven entre las islas llevando mercancía y pasajeros, y están a menudo, cargados de ganado, animales domésticos, peces y seres humanos, hasta el punto del ahogamiento. Y cuando, como pasa a menudo, las corrientes engañosas de los estrechos contribuyen a la molestia de los pasajeros, lo que resulta de todo superior cualquier descripción.

Mi primera etapa fue la isla de Íos, cerca del centro de un conjunto de islas conocidas con el nombre de Cícladas. Estaba bastante seguro de que las abejas en las otras islas cercanas no habrían sido particularmente diferentes. Otro viaje en las islas Espóradas meridionales me llevó a Samos e Icaria. Evité intencionadamente las islas más al sur de este archipiélago, sospechando que durante la ocupación italiana hubiera habido varias importaciones. En cambio, era mi intención visitar la isla más septentrional del Egeo, Tasos, reconocida por su miel y su apicultura, pero una fortuita circunstancia lo volvió superfluo.

La isla de Íos mide alrededor de 46 millas cuadradas, y tiene una población de 7.000

habitantes, más o menos. Según la tradición, Homero fue enterrado aquí. Al momento de mi visita la cabaña apícola contaba con 3.000 colonias, de las cuales 550 estaban en colmenas modernas. Íos es muy montañosa, y todos los colmenares estaban en la erica, en la parte más elevada de la isla. Debido a que no había carreteras, para alcanzar a las abejas tuvimos que utilizar burros y mulos, el único medio de transporte disponible. Esta forma de movernos era lenta e incómoda. Además, las colmenas, tanto tradicionales como modernas, eran trasladadas a altitudes superiores con el mismo medio de transporte. Un burro pude llevar cuatro colmenas tradicionales, mientras el apicultor, andando, llevaba una colmena en el hombro y una segunda en la espalda. Estos pobres paisanos no se ahorran ningún esfuerzo, y difícilmente se podría imaginar un medio de transporte más incómodo.

Tuvimos que dejar nuestro alojamiento, cerca de la meta, antes de que se hiciese de día. El grupo comprendía nueve personas, y durante la mayor parte del camino tuvimos que proceder en fila india, por una senda insidiosa. Cuando amaneció lo primero que vi fue una gran variedad de vegetación subtropical. Después, subiendo de altura, pude observar un aumento de la presencia de erica. Aunque era bastante común la *Erica verticillata,* tuve la oportunidad de ver otras variedades que desconocía; desafortunadamente, en el grupo ninguno fue capaz decirme sus nombres botánicos. Poco a poco se empezaron a ver grupos de colmenas, colocadas en cavidades o bajo la protección de una pared de piedra, pero nunca más de diez o veinte colmenas en un único lugar.

No había duda de que estas abejas pertenecían a la misma especie que había observado en el continente en Grecia. De manera muy extraña, pude observar aquí el mismo fenómeno que había encontrado en Creta, es decir, una colonia que mostró una tendencia a picar, igual que otras razas orientales. Sin embargo, la mayoría de las colonias tenían un buen temperamento, como aquella presente en tierra firme, y nunca me había tropezado con un ejemplo similar de irritabilidad exasperada. Manifestaciones así aisladas de temperamento extremadamente malo son difíciles de explicar, porque no había indicaciones visibles de que este fuese el resultado de una importación del Medio Oriente.

Tuvimos que quedarnos en Íos dos días, hasta la llegada del primer barco. Procedimos hacia Sikinos, Folégandros, Santorini – la perla negra del Egeo – y Ánafe, la isla más meridional de las Cícladas. Ánafe es famosa por su miel de tomillo, y mientras nuestro barco se mantuvo anclado, la brisa nocturna estaba cargada de un insistente perfume a tomillo. En el viaje de vuelta hacia el Pireo pasamos por Amorgos, Nasáu, Mykonos y Sira, donde habíamos hecho una pausa durante el viaje de ida y, en tal ocasión, tuvimos una breve entrevista con el director agrícola general de las Cícladas. En Atenas me detuve por poco tiempo, mientras el Ministerio de Agricultura completaba los acuerdos necesarios para poder visitar Samos. Samos es famosa por muchas razones, quizás principalmente por su vino blanco. Se trata de una isla muy fértil, alrededor de 180 millas cuadradas, con una población de 67.500 habitantes.

Hay 4.855 colonias de abejas, de las cuales 3.480 se encuentran en colmenas tradicionales. La isla más próxima por dimensión es Icaria, y aunque sea grande, solamente la mitad de Samos posee 8.240 colmenas, confiando en los números que me proporcionó el director de agricultura al cual me dirigí. Tanto Samos como Icaria entran en la jurisdicción del director de Vathy-Samos.

Considerando estas cifras, la densidad de colmenas en Icaria es de 901 por milla cuadrada, probablemente la más alta del mundo. Tasos, en el Egeo septentrional, que es alrededor de un tercio más grande, tiene más o menos 10.000 colonias, y es comúnmente llamada "isla de las abejas". En ambas islas la cosecha principal está constituida de melaza de pino, *Pinus halepensis*. Sin embargo, en Icaria, la *Erica verticillata* parece tener la misma relevancia. Por cuanto he podido verificar, Icaria y Tasos, con la Calcídica – la Península en las orillas septentrionales del Mar Egeo – son los centros más importantes para la agricultura en Grecia, zonas en las cuales la producción de miel representa el único medio de supervivencia para muchos apicultores.

Las abejas de Samos e Icaria, a juzgar por su aspecto, tienen origen de la Anatolia occidental. El punto en la isla de Samos más cerca al continente dista solamente una milla de las playas de Asia Menor, y Samos e Icaria distan once millas. En 1962, durante mi primer viaje desde Edna hacia Éfeso, Samos era claramente visible desde la carretera principal que entraba algunas millas hacia el interior.

Como ya he indicado, no tuve la necesidad de visitar Tasos. Cuando viajé desde Estambul hacia Salónica, algunas semanas antes, se me presentó la ocasión de visitar Filippoi, a pocas millas de la carretera principal que une Kavala y Salónica. Me pareció que no debía perder la oportunidad de visitar el lugar donde San Pablo fundó la primera comunidad cristiana en tierra europea – sin contar con otros aspectos históricos de Filippoi. Así que después de abandonar la carretera estatal por Salónica, mis cavilaciones rondaban hacia el pasado. Pero antes de alcanzar Filippoi, en la explanada a la izquierda de la carretera, pude ver un enorme grupo de colmenas en mimbre, ordenadas fila por fila. Aquella disposición ordenada era claramente el fruto del trabajo de algún apicultor que llevaba a cabo muy minuciosamente su propia misión. Las colmenas eran todas del mismo modelo y de grandísimo tamaño: el apiario era la creación de un apicultor excepcionalmente competente, que poseía una abeja insólitamente prolífica. Además de su gran tamaño, estas colmenas tenían otra característica interesante. Los palos verticales de la cesta en el fondo, asomaban más de dos pulgadas, de esta manera permitía a las abejas entrar y salir en cualquier dirección, como ellas quisieran, y ofrecían una ventilación mucho mayor respecto de aquella que es normalmente considerada necesaria. Esto me pareció aún más apreciable, dado que los apicultores en Grecia utilizan entradas para las abejas mucho más restringidas respecto a los que utilizamos nosotros en Inglaterra.

Pude saber que aquellas colmenas provenían de las islas de Tasos. Eran llevadas hasta allí en aquella estación del año, cuando en la isla no había nada de comida para las abejas, mientras allí, en tierra firme, habrían encontrado algo para sobrevivir. El gran número de colonias por un lado, sus excepcionales condiciones y la gran capacidad de espacio de las cajas por otro, me comunicaron toda la información que necesitaba sobre las abejas y la apicultura en aquella isla.

Por todos estos detalles se puede deducir que la apicultura de las islas del Egeo es un factor de relieve económicamente primario. Aunque en algunas de las islas las abejas no poseen un particular valor desde el punto de vista del cruce selectivo, su valor productivo y económico no entra en discusión. Nadie puede mantenerse con abejas de variedades inferiores – y esto vale en particular donde, como aquí, la apicultura tradicional no es la excepción sino la norma, en lugar de la moderna.

Generalmente, es conocido que las formas más típicas de *Apis mellifera* var. *cárnica* se encuentran en la Carniola superior, en las dos regiones colindantes de la Carintia y de la Estiria. En los países anglófonos esta raza es comúnmente reconocida con el nombre de "carniola", debido a que las importaciones – y en realidad la mayor parte de las importaciones hasta 1.940 – provienen de la Carniola superior. La distribución geográfica de la raza se extiende más allá de las tres provincias que he nombrado. Por lo que sabemos actualmente, está difundida por toda Yugoslavia, en Hungría, Rumania, Bulgaria y gran parte de Austria. Pero faltan datos más precisos. La abeja griega, *Apis mellifera* var *cecropia,* es sin duda una subespecie de la cárnica. En el aspecto, las dos razas no son diferentes, pero hay claras diferencias marcadas en sus características fisiológicas. Por lo que he podido comprobar, las abejas de la Grecia septentrional, en particular la de la península Calcídica y de la estrecha linde rural entre el Egeo y las cadenas de las montañas Ródope, incluyendo tanto la Tracia griega como la turca, tienen una superioridad desde el punto de vista económico por una influencia que deriva de la abeja anatoliaca. No sabemos cuánto esta influencia se extiende hacia Bulgaria, en la llanura de Maritsa. Seguramente, cuanto más nos alejamos de los centros principales del hábitat de la cárnica, más consistentes son las diferencias. De hecho, incluso dentro de los límites de Yugoslavia se encuentran variaciones considerables – aunque externamente las abejas son poco o nada diferentes respecto de la cárnica que es generalmente aceptada.

Hice un largo viaje a través Bosnia, Herzegovina, Montenegro y Serbia sur-oriental, y he encontrado a las abejas de estas áreas más prolíficas y menos proclives a la enjambrazón que la auténtica cárnica. Sin embargo, ellas son más propensas a propolizar, y me han parecido más susceptibles al nosema. En realidad, esta vulnerabilidad estaba tan desarrollada que en Inglaterra hemos podido hacer muy poco con estas variedades.

De vez en cuando, en la literatura apícola parecen referencias a una subespecie de cárnica encontrada en el Banato – una región que se encuentra en el punto en el cual se cruzan los límites de Yugoslavia, Hungría y Rumanía. Esta abeja llamó la atención ya hace cien años. Sin embargo, la mayor parte de las referencias que he podido localizar se limitan a constatar la simple existencia de esta raza, y, hasta ahora, no he conseguido encontrar detalles precisos sobre sus características y su valor económico. El hecho de que ya desde hace cien años la abeja de Banato hubiera atraído una especial atención me pareció una razón más que suficiente para justificar una investigación más profundizada. La ocasión no se presentó hasta 1.962.

Banato se encuentra al sureste de los actuales límites fronterizos de Hungría, limitado al sur por el Danubio, al norte por el río Mures, por el Tisza al oeste y al este por las montañas de Transilvania. Durante la ocupación turca, desde 1.512 hasta 1.718, los campos cayeron en el abandono, pero bajo la soberanía de María Teresa, hubo una animada inmigración y una repoblación en parte de la Europa occidental. Los signos de esta colonización son todavía visibles en cualquier lugar. Así, Banato no es una unidad compacta: en un tercio pertenece a Yugoslavia, mientras lo demás pertenece a Rumanía.

A menudo escuché hablar de los extensos bosques de acacia de esta región, y cuando durante un viaje pasé por el norte de Skopie pude ver acacias en flor por todas partes. A mi llegada a Belgrado no me sorprendí al descubrir que las colmenas estaban trasladadas hacia el este, en los bosques de acacia cerca de la frontera con Rumanía. Los amplios bosques de acacia están circunscritos a las áreas de los terrenos pobres y arenosos, que no pueden ser aprovechados de ninguna manera. María Teresa los había hecho reforestar con acacias – uno de los pocos árboles que habría podido prosperar. El reto comenzado por la emperatriz se ha transformado ahora en un beneficio para los apicultores. Al llegar, se hizo en seguida evidente que el flujo de néctar estaba casi terminando: a cada soplo de viento las flores secas se caían de los árboles como copos de nieve. Pero las abejas pudieron trabajar bien. En los claros donde se había colocado las colmenas había una atmósfera de prosperidad.

Se me concedió plena libertad para examinar las colmenas a mi antojo. Dado que las colonias estaban llenas de miel, el examen no fue sencillo, pero fue facilitado por la notable mansedumbre de las abejas, que nos permitió desarrollar el trabajo sin hacer uso de la careta. La cría estaba fuertemente limitada por el fuerte flujo, y no conseguí notar ninguna señal de enjambrazón. Una cosa llamó mi atención: la abeja de Banato muestra mucho más color en los primeros tres segmentos dorsales más de lo que había podido observar hasta el momento en cualquier otra variedad de cárnica. El color no era el amarillo claro que se encuentra en las italianas, sino el amarillo-marrón, o un marrón oxidado, normalmente asociado a la raza primaria. Todavía, en la auténtica cárnica, el marrón oxidado se manifiesta solamente a tramos, y nunca con la misma abundancia que en la abeja de Banato. A menudo, en el color de esta abeja se puede observar una coloración más bien intensa, que podría ser descrita como amarilla. En el scutellum de las obreras el color varía del amarillo al marrón: el vello es marrón claro, y los tomentos grises con un matiz amarillo.

No sabemos cuáles sean los orígenes de esta variedad. Como ya dije, la abeja de Banato era considerada una raza diferente y ya hacía bastante tiempo que había tomado una gran importancia la venta de sus reinas en regiones lejanas entre ellas. De hecho, la colmena moderna estaba recién inventada, y hasta aquel momento el intercambio de reinas estaba poco practicado. Los colonos de María Teresa vinieron de Europa, donde se conocía solamente a la abeja negra. Esta abeja parece ser, a todos los efectos, un *unicum* en la naturaleza – producida por una combinación casual de factores que forman parte del corredor genético de la cárnica, y que se manifiestan esporádicamente en los signos de color del óxido, aquellos signos que dan tantas preocupaciones a los criadores de hoy en día, que desean la máxima uniformidad. El hecho de que esta abeja haya sido capaz de afirmar y mantener sus rasgos distintivos, en el corazón del hábitat de su raza progenitora, es un fenómeno digno de admirar sin duda alguna.

EGIPTO

Cuando moví mis primeros pasos para empezar el viaje a Egipto era una típica mañana fría, húmeda y brumosa. Pero en Zúrich estaba cálido y soleado – un espléndido día de octubre típico de esta parte de Suiza. A las 21.30 de aquella misma noche aparecieron las luces de Alejandría: cuando aterrizamos la temperatura era de 81°F.

Un grupo de representantes del Ministerio de la Agricultura y de la Universidad de El Cairo, dirigidos por el Doctor Salah Rashad, me acogieron a los pies de la escalera del avión, y en poco tiempo llegamos a El Cairo.

Tomillo silvestre que crece en una grieta
entre las rocas. Algunas islas del Egeo, en
particular Ánafe, son famosas por la miel
de tomillo.

Islas del Egeo

Íos: de camino hacia los brezales – el apicultor lleva consigo
dos colmenas cilíndricas, el burro lleva cuatro.

Un apicultor tradicional en Tasos ocupado en recoger miel a la
antigua usanza.

Tasos, por la cantidad excepcionalmente
alta de colonias que posee, es llamada
también la "isla de las abejas".

Antes de partir a Egipto algunas dificultades de último minuto - amenazaron con hacer fracasar todos los acuerdos ya tomados a su tiempo. El profesor A.K.Wafa. que había hecho todos los preparativos y había preparado todo muy cuidadosamente para cuando yo llegase, pero de repente se puso enfermo. Debía marcharse a Londres para ser tratado, y aquí lo encontré el día anterior antes de partir a Inglaterra. Aún así, el Doctor Salah Rashid, de la Universidad de El Cairo, y el Doctor Mohameed Mahomood, del Ministerio de Agricultura, juntaron sus fuerzas y consiguieron sacar adelante todo lo que estaba predispuesto por el Prof. Wafa. Al término de mi visita a Egipto, precisamente el día anterior al viaje de vuelta, el Prof. Wafa volvió a El Cairo y fue capaz de unirse a la celebración del comité organizado por parte del Doctor Rashad.

Cuando en el tema apícola se habla de Egipto, en seguida viene a la cabeza una imagen de la apicultura nómada que se practicaba a lo largo del Nilo en la época de los faraones. Por lo que sabemos, podemos tranquilamente decir que la apicultura ha tenido un rol importante en la vida de los pueblos del valle del Nilo desde época inmemorable.

Sabemos todos demasiado bien que, en cualquier lugar que se practica la apicultura, tanto el éxito como el fracaso coexisten alrededor de un equilibrio muy delicado entre sol, calor y humedad. En el valle del Nilo estos elementos esenciales nunca están ausentes en la práctica. La humedad necesaria aquí no depende de los irregulares caprichos del agua del viento, sino de las aguas del Nilo, fuente de vida. El invierno, como lo conocemos nosotros, no existe. La noche puede ser fresca desde mitad de noviembre hasta la mitad de febrero, pero las temperaturas raramente bajan a cerca de cero. Las temperaturas son más altas en verano: en El Cairo alcanzan los 110°F y al sur son aún más altas. Al menos, el intenso calor es templado por un viento casi constante del norte, soplando todo el año, y sin el cual el clima sería muy fatigoso.

El 96.5% del suelo en Egipto es terreno desértico. Si excluimos los grandes oasis, la agricultura y apicultura están enteramente limitadas al valle y al delta del Nilo. La grande zona triangular del delta, la región más fértil de Egipto, se extiende por cientos de millas desde el sur hacia el norte, y por una anchura a lo largo del mar de 155 millas, desde Alejandría hasta Puerto Saíd. La profundidad del rico terreno aluvial varía entre 55 y 75 pies. Cada metro cuadrado de esta área es sometido a agricultura intensiva, como lo son todos los terrenos arables dentro el Valle del Nilo. La anchura de este valle varía desde 6 hasta 16 millas. Hacia el sur la anchura disminuye hasta una o dos millas, y acercándose a Sudán la vegetación desaparece completamente. A lo largo de todo el valle transcurre una clara línea bien marcada entre los terrenos cultivados y el comienzo de las áreas arables.

Se están haciendo grandes esfuerzos para transformar algunas circunscritas porciones de terreno desde desierto hacia la agricultura, en particular dentro los límites de los oasis de Kharga y Dakhla, que se encuentran bastante más al sur en el Desierto Líbico, regiones que actualmente son llamadas con el nombre de Nuevo Valle. Proyectos más pequeños están en proyecto para su realización en Wadi El-Natrun y a Mariout, entre el Valle del Nilo y la carretera del desierto entre El Cairo y Alejandría. Zonas que hasta hace pocos años estaban privadas de vegetación y ahora producen cosechas de varios géneros, como he podido yo mismo observar.

Abejas y apicultura siguen desde cerca el desarrollo de estas nuevas iniciativas.

A diferencia de los otros países, Egipto no posee una flora selvática de interés apícola. Y tampoco están presentes bosques o selvas, como los conocemos nosotros. Con la exclusión de las palmeras datileras, eucaliptos y cítricos, son muy pocos los árboles por los cuales las abejas puedan encontrar algún interés. Las principales fuentes de néctar son los campos cultivados, de uno u otro tipo. La palmera datilera, el árbol más común en Egipto, como fuente de néctar tiene un valor muy apreciable y, tal vez, cuando el fruto está completamente maduro, las abejas recogen de los dátiles un jarabe casi negro, del cual el Ministerio de Agricultura me proporcionó una muestra. Las plantas de eucaliptos costean en cualquier lugar las carreteras. Pero entre los recursos de néctar sin duda más consistente están sin duda los cítricos. En España, Turquía, Grecia y Palestina, los cultivos de naranjos están limitados a restringidas áreas, mientras aquí se encuentra en toda la zona del delta y del Valle del Nilo, y también en los oasis más grandes.

Entre los cultivos, el trébol egipcio (*Trifolium alexandrinum*), comúnmente conocido con el nombre de *bersim,* es uno de los principales recursos de néctar. Este trébol representa el principal forraje para el ganado, y por esta razón es cultivado en cualquier lugar. Aunque el algodón es otro recurso importante, también éste está cultivado un poco por todos - lados. De hecho, un tercio de toda la tierra de Egipto es utilizada para el cultivo del algodón. Según las informaciones que se me han proporcionado la cantidad de néctar segregado desde las diferentes variedades de cultivo hay una enorme diferencia, y las producciones más abundantes las tendrían aquellos que tienen las fibras más cortas. Las alubias (*Vicia faba*) son cultivas de manera extensiva y tienen un rol importante en la apicultura – no por una producción de miel sino para el desarrollo primaveral de las colonias. La alubia empieza a florecer a mitad de diciembre, y es con el néctar de deriva de este recurso que las colonias crecen para prepararse al flujo de néctar principal. Si las almendras, albaricoques y nectarinas proporcionan - ayuda de transición, en Egipto los manzanos, perales, ciruelos y cerezos no son cultivados: por otro lado, aquí se desarrollan a la perfección muchas variedades de frutas subtropicales, y sin duda algunas de éstas tienen un valor muy limitado para la abeja de miel. Maíz, arroz y cañas de azúcar son cultivados de manera intensiva, pero no representan recurso nectarífero.

En muchas partes del mundo, cuando tomamos en consideración un particular recurso de néctar, automáticamente clasificamos su valor según su dependencia del clima apropiado. En Egipto no hay necesidad de ello, solo durante la época del *Khamsin* – el viento cálido, seco y cargado de arena de los meses primaverales que llega del sur. Cuando estos vientos soplan, el sol se oscurece, y sus soplos crueles alrededor de pocas horas pueden secar los brotes prometedores de las flores.

No he sido capaz de comprobar cuando o por parte de quién haya sido introducida la apicultura moderna en Egipto. Ya desde principios del siglo XX era posible ver, en pequeña cantidad, colmenas modernas. De todas formas, creo que pudo haber sido el Doctor A. Z. Abushady, al regresar a Egipto en el 1.926, quien, con su habitual impulso y entusiasmo, - dio comienzo al final de la apicultura tradicional. En un jardín a las afueras de El Cairo se me enseñaron unas colmenas inglesas que contenían unos ejemplos de cuadros de aluminio hechos por el Doctor Abushady durante su estancia en Inglaterra. Hasta un cierto punto, fue adoptada la colmena Langstroth, y ahora es utilizada solamente esta, con algunas pequeñas modificaciones en algunas partes.

En Egipto se puede reconocer un gran progreso en cualquier sector dentro de la apicultura moderna. El Ministerio de Agricultura llegó incluso considerar la eventualidad de imponer como obligación para todos, el uso de la colmena moderna en todo el país. Pero se dieron cuenta de que, en aquella época, no había llegado el momento todavía de dar este paso. Probablemente, considerando la gran diferencia en la cantidad de miel que se puede obtener, la colmena moderna sin duda llegará a sustituir los métodos antiguos. De una fuente cierta me contaron que la cosecha media de una colmena moderna es alrededor de 60 libras (27,3 kg.), mientras que la de una colmena tradicional está sobre las 6 libras.

En todo Egipto pude ver un solo tipo de colmena primitiva, aquella de forma cilíndrica de arcilla cocida al sol. Estas colmenas pueden variar un poco en las dimensiones, pero generalmente miden alrededor de 46 pulgadas de longitud y 8 de diámetro interno. Las paredes son espesas, de una pulgada y media, y son resistentes y bastante pesadas. Hoy en día, no existiendo una apicultura trashumante, son trasladadas una sola vez, cuando colocadas en pilas, en su posición permanente. Estas colmenas nunca son utilizadas individualmente, sino siempre una encima de la otra, en pilas de siete a diez. Cuando son colocadas en su sitio, los espacios entre una fila y la otra son rellenados en las dos extremidades con arcilla. Un disco de arcilla cocida al sol es colocado delante y detrás de cada cilindro, cerrando cada colmena. El disco delantero tiene un pequeño orificio para la entrada de las abejas, en la parte alta y no en la parte de abajo, como es típico en otros países. Esta posición de colmenas da la impresión de gigantes bloques de arcillas, y los cilindros individuales aparecen solamente por delante y por atrás. En el delta, es posible observar dos o más de estos apiarios colocados uno después de otro, pero dejando en el medio el espacio suficiente para trabajarlos; en cada bloque se puede contar desde 200 hasta 300 colmenas. Por otro lado, según el espacio disponible, hay, aunque bastante raramente, algún bloque que llegan a medir 50 pies. En uno de estos conté hasta 1.200 colmenas. En el Egipto superior son más comunes los bloques más pequeños, con 150 o 200 colmenas.

El limo distribuido por el Nilo, cuando es cocido al sol, se pone extremadamente duro. Como material para construir las colmenas tradicionales los apicultores egipcios usan el terreno aluvial que se encuentra en cualquier sitio, y lo mezclan con paja cortada finamente. Las colmenas no tienen ningún coste aquí, solo necesitan tiempo y el esfuerzo necesarios para armar los cilindros. Además, estas colmenas en cilindro, según la manera de apilaras, aseguran la mejor protección contra el calor excesivo y las crueles flechas del sol. En Egipto un apiario moderno tiene que disponer de un tejado de protección, o de una sombra de cualquier otro tipo. Exponer directamente a sol las colmenas significaría buscar el fracaso a cualquier coste.

Con estas colmenas tradicionales son utilizadas herramientas especiales, creadas para facilitar cualquier operación. Un instrumento hecho de hierro que recuerda a una mini guadaña, de sólida construcción, es utilizada para hacer palanca y abrir la plancha del cierre. Se utilizan también una cantidad de herramientas de acero con un mango redondo, para ofrecer el control y el agarre necesarios. Una de estas tiene en su extremidad un cuenco, y es utilizado para colocar en las colmenas los enjambres; otra tiene en su extremidad la forma de una espada con doble corte, para cortar y librar los panales cuando se extrae la miel; una tercera herramienta tiene en su final un garfio para sacar de los cilindros los panales de miel. Cuando es necesario alumbrar el interior de las colmenas se utiliza un espejo. Para empujar a las abejas a la parte anterior, y para mantenerlas bajo control mientras se trabaja, se utiliza de vez en cuando una bocanada de humo procedente de una boñiga seca de camello encendida.

Por lo que sabemos, este método apícola puede proceder de una época anterior a la historia escrita. Una cosa parece todavía evidente: las colmenas utilizadas por los antiguos egipcios durante sus migraciones a lo largo del Nilo no podían ser hechas de arcilla. El peso y la casi imposibilidad de mover este tipo de colmena parece impedir el uso de este tipo de material.

La apicultura siempre ha tenido un rol importante en la vida de los habitantes del Valle del Nilo - hoy nadie lo pondría en duda. De hecho, me quedé sorprendido notando las dimensiones y la importancia atribuida a la apicultura en el Egipto moderno. No hay datos precisos sobre el número de colonias, pero una fiable estima dice que son alrededor de un millón y medio. Apiarios con más de 1.000 colmenas es común. A las afueras de Damanhur hay un apiario moderno con 400 colmenas. En la provincia de Tanta hay 21.000 colmenares modernos y 107.000 tradicionales. Muchas empresas se especializan en la construcción de colmenas modernas y de las herramientas requeridas de la apicultura moderna, láminas de cera también. La exportación de miel está controlada por el gobierno.

En muchos aspectos, Egipto está más avanzado que otros países. La importancia primaria de tener variedades fiables está muy considerada. Las estaciones de cría de abejas tienen un rol de vital importancia en el progreso de la apicultura. Un cierto número de éstas está gestionado por el Ministerio de Agricultura, otras por empresas privadas. Una de estas estaciones, de propiedad del gobierno, se encuentra en Fayún, cerca de la orilla meridional de Birket Qarun. Aquí, en completo aislamiento, se crían reinas italianas. Otra estación ubicada al norte, en la península que se asoma en el interior del lago Manzala, al oeste de Puerto Saíd, está gestionada a través de una cooperativa y se ocupa de criar solamente abeja cárnica.

Desde hace muchos años que se efectúan importaciones. Hace tiempo, antes de 1.922, se importaban las chipriotas, pero esta raza ahora ha perdido todo el interés. Creo que podría deberse al Doctor Abushady al haber difundido la cárnica. En este momento la gran mayoría de las colmenas modernas son pobladas de cárnica pura o de sus híbridos. Encontré solamente un apicultor que prefería la abeja italiana. Algunas de las variedades americanas están ahora bajo examen, pero en el Egipto de hoy en día seguramente es la cárnica la más difundida. Además se hace de todo para asegurar apareamientos controlados y para obtener variedades puras de esta raza para distribuirlas entre los apicultores.

El Ministerio de la Agricultura gestiona un número de centros de selección como aquel de Fayum: hay uno en Borg el Arab, al oeste de Alejandría, y una entera serie de oasis a sur del Desierto Líbico. En Nubaria está operativo también un centro de cuarentena, donde se retiene por un cierto periodo a todas las reinas de importación. El Ministerio tiene luego sus propias estaciones experimentales para conducir las investigaciones. Todavía, las principales investigaciones son conducidas por parte de las Facultades de Agricultura de las distintas universidades. La más importante de estas es la Universidad de El Cairo, dirigida por Prof. A. K. Wafa. En la Universidad de 'Ain Schams, el director Doctor M.A. El-bandy se dedicó a profundizar los estudios biométricos y biológicos de la abeja egipcia; la Universidad de Alejandría está dirigida por el Prof. El-Deeb; aquella en Asiut por el Prof. M. H. Hassanein.

126

A cada una de estas universidades está destinado un apiario experimental extensivo.

La Bee Kingdom League – la asociación fundada por el Doctor Abushady – tiene parte muy activa en el progreso de la apicultura, y publica una revista apícola en árabe, que difunde las últimas noticias sobre cada aspecto de la apicultura. Encontré todos los principales socios de la asociación durante el recibimiento que había sido organizado por ese objetivo.

Durante mi estancia en Egipto fui agradablemente sorprendido de la gran acogida que se me mostró, tanto por parte de las autoridades como por cada apicultor, por recoger el mayor número posible de informaciones. Por todos los lados había una gran demanda de consejos y detalles sobre los últimos progresos en todas las ramas apícolas. Para satisfacer esta demanda di una serie de lecturas sobre los aspectos más avanzados de la selección de las abejas. En Egipto la mayoría de los esfuerzos hasta aquel momento se habían concentrado en alcanzar la pureza de la raza. Yo sugerí que el trabajo puede ser llevado más allá, para la mejora de la variedad con el apareamiento selectivo en lugares aislados. Los numerosos oasis, garantizado un aislamiento absoluto, junto a las condiciones climatológicas verdaderamente favorables, ofrecen todos los requisitos para un amplio proyecto para la crianza selectiva de abejas.

LA ABEJA EGIPCIANA

La abeja originaria de Egipto, *Apis mellifera* var. *fasciata*, provocó interés desde la época más antigua de la apicultura moderna. Ya en 1.864 fueron importadas desde Europa central con el objetivo de investigar cual fuese su valor económico. Otras importaciones se efectuaron al comienzo de este siglo, aunque solamente con fines científicos, por el Prof. H. V. Buttel – Reepen y también el Doctor Egon Totter, que en aquel momento vivía en Checoslovaquia. Mientras se encontraba en Inglaterra, el Doctor Abushady hizo distintos esfuerzos para promover la importación de la abeja egipcia, pero sin tener mucho éxito.

La abeja egipcia es sin duda una de las razas más interesantes. Entre las abejas melífera es la más pequeña – a excepción de *Apis florea.* En su hábitat originario pude observar abejas solitarias no más grandes que una mosca común. Pero su aspecto llamaría la atención de todos los aficionados de las abejas: el color naranja luminoso, en particular la pelusa casi blanca – que la hace parecer una abeja rebozada de harina – le dan un aspecto irresistible. El naranja claro se extiende al cuarto segmento dorsal; los segmentos ventrales son casi completamente amarillos, con la excepción de los últimos dos, que son oscuros. El tórax, junto al color oscuro de los segmentos dorsales, es negro azabache. El *scutellum* de las obreras es naranja claro, pero el de las reinas y de los zánganos es negro.

Como se podría esperar, las reinas son más pequeñas respecto a otra raza. El abdomen de la reina es naranja claro, con un borde estrecho, claramente definido, en forma de media luna, sobre cada segmento – el signo característico de todas las subespecies orientales. Todavía no he tenido la oportunidad de evaluar la fertilidad de las reinas, según el Doctor El-Banby no son muy prolíficas, paragonadas con otras, y seguramente será así.

La *fasciata* pura, según todas las descripciones, es muy propensa a la enjambrazón; esta tiene que ser su disposición hereditaria, porque las colmenas tradicionales son bastante espaciosas, y no limitan ciertamente el desarrollo de la cría. Sobre la enjambrazón, decir que construyen muchas realeras, y normalmente juntas, como racimos de uva, también en de los

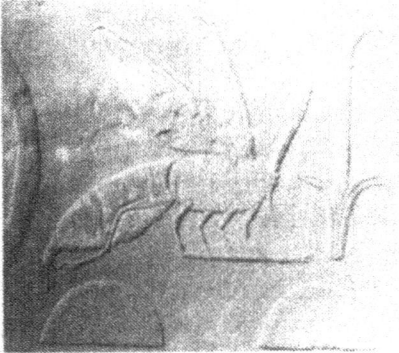

La abeja y el lirio eran los símbolos del faraone. "Señor de las abejas" era el antiguo título de los reyes del bajo Egipto.

Las colmenas de arcilla cocida al sol son en uso en Egipto desde la época más antigua. En la foto un montón de colmenas recién moldeadas.

Egipto

El apiario en aislamiento del Ministerio de Agricultura, en el oasis de Fayyum, reservado para la crianza de reinas italianas.

Al sur de Asiut: un típico bloque de colmenas egipcias, muchos de estas ofrecen ubicación a más de miles de colonias.

El guardián de un apiario, donde su única tarea, para todo el día, es la eliminación de avispas.

panales – es una característica que no he observado en ninguna otra raza. Anatoliacas, sirias y chipriotas construyen las realeras en racimos, pero siempre en los rincones de los panales. Las realeras de la *fasciata* son pequeñas y bastante lisas.

El panal natural de la abeja egipcia tiene celdas reales más pequeñas (32-33 pulgadas por metro cuadrado, en lugar de 28) pero he observado que el desarrollo de la cría en celdas de tamaño normal se da sin problemas. Los opérculos son extraordinariamente acuosos, mucho más que en cualquier otra raza. Todavía, esta abeja no propoliza – una cualidad rara, que comparte con otras subespecies indias. Para fines de la selección, considero que es una de su cualidades apreciable. (No hay que presuponer que no haya propóleo en Egipto: en Fayum, donde se cría reinas italianas, encontré el interior de las colmenas tapizadas con el tipo de propóleo más resinoso que yo haya podido ver). Otras calidades apreciables de la abeja egipcia es su altamente desarrollado instinto a la autodefensa y su escasa propensión a la deriva. Estas dos cualidades son complementarias, y con la colocación de las colmenas tradicionales una pegada a la otra, sin distinciones entre las colmenas, deriva y falta de autodefensa crearían una situación insostenible.

Escuché diferentes opiniones sobre la capacidad de pecorear de la abeja egipcia. En su medio natural tiene que ser bastante productiva, a juzgar por el tamaño de las colmenas tradicionales y de la relativa fertilidad de las reinas. Uno de los más grandes defectos es sin duda su temperamento. Todavía, en algunas regiones del Delta, he encontrado abejas con un temperamento aceptable; en otras regiones no, particularmente en el Egipto superior.

Un asunto curioso es que la *fasciata* pura, cuando se presenta un intenso frío, no tiene la capacidad de formar una piña invernal, como ocurre en los lugares templados. Es posible que no haya tenido nunca esta cualidad, o quizá, podría haberla perdido con el - tiempo, al no utilizarla. En el Valle del Nilo no pasa nunca que las abejas tengan que formar una piña. Cuando la abeja egipcia es cruzada, la capacidad de formar una piña parece ser dominante, pero en una colonia de *fasciata* pura no es capaz de pasar el invierno del norte de Europa, con la máxima seguridad.

Cuando salí hacia Egipto pensé que podría haber sido extremadamente difícil encontrar ejemplares de *fasciata* pura, considerando las importaciones a granel que se repetían desde casi medio siglo. En seguida aprendí que la situación era muy diversamente: cada vez que me tropezaba con colmenas tradicionales, me encontraba con abejas puras. En la identificación no es posible equivocarse, porque las características externas de la *fasciata* pura son completamente diferentes de aquellas razas importadas. Por una curiosa razón que no ha sido todavía determinada, las reinas de la abeja egipcia normalmente no se acoplan con zánganos de subespecies extranjeras presentes en su hábitat natural. No tiene causa expresxar dudas sobre el hecho de que este tipo de abeja pueda la posibilidad de cruzarse, dado que algunos experimentos conducidos en Egipto parecieron mostrar una incompatibilidad física. Pero hoy está claro que esto no es así, porque en Europa, ya desde bastante tiempo, se habían obtenido algunos cruces. No conseguimos obtener apareamientos cruzados en el verano excepcionalmente desfavorable del 1.963. Sin embargo, queda el hecho de que la antigua abeja originaria de Egipto ha conseguido mantener su pureza en su hábitat natural también entre las razas importadas.

Esta desciende de una abeja de la época de los faraones, de la cual podemos todavía ver las pinturas en los monumentos egipcios del 3.500 a.C., aunque con el progresar de la apicultura moderna está seguramente condenada a la extinción. Gracias a su gran vitalidad y al número de colmenas tradicionales, ella ha conseguido mantener hasta ahora su pureza. La abeja egipcia no alcanzas resultados que satisfagan las necesidades de la apicultura moderna, pero esto no significa que no tenga valor. Creo que tendríamos que hacer todo lo posible, antes de que sea demasiado tarde, para conservar esta subespecie en uno de los numerosos oasis – quizás Siwa – para tenerla a disposición en el futuro para los profesionales de la selección. Sería una verdadera tragedia si esta abeja se perdiese de cara a las futuras generaciones.

Mi relato no estaría completo sin una breve referencia a los principales problemas que la apicultura tiene que hacer frente en Egipto. Este país está aparentemente privado de enfermedades de las abejas, pero el apicultor egipcio tiene que afrontar otros problemas no menos complicados.

Ya indiqué la gran importancia del algodón en la economía del Egipto, y el valor de esta planta como recurso de néctar principal. Desafortunadamente, los insecticidas altamente tóxicos que se están utilizando para tener bajo control los parásitos están causando entre las abejas enormes pérdidas. El uso de los pesticidas es una innovación moderna, pero la avispa oriental (*vespa orientalis*) es una amenaza tan antigua como las pirámides, ya que se encuentra en todos los países que se asoman al Mediterráneo. Las avispas causan graves pérdidas en Chipre y en Palestina, pero no hay comparación con lo que sucede en Egipto. Es difícil describir el caos que pueden crear las avispas orientales, no ha habido nunca testigos. La abeja puede luchar con éxito contra la avispa común, pero no contra la avispa oriental, que parece devorar a las abejas por placer. Si no se hubiesen tomado algunas medidas en cierto lugares, el daño a las colmenas sería catastrófico. Los apiarios modernos están normalmente dotados de una serie de trampas, similares a las que utilizamos nosotros para nuestras avispas, pero no tan grandes. Las colmenas tradicionales están generalmente dotadas de rejillas pequeñas encima de las entradas, similares a nuestros excluidores de reina, pero hechas de bambú. Estas impiden a las avispas entrar en las colmenas, pero no protegen a las abejas cuando salen al exterior de las colmenas. Por esta razón una persona se debe quedar todo el día entre las colmenas, con el fin de matar a las avispas que hacen limpieza de las abejas presentes en las piqueras. En un apiario con colmenas primitivas he visto adoptar una estrategia diferente: las colmenas cilíndricas son dejadas abiertas en la parte delantera, de manera que las abejas puedan formar una piña sólida, cubriendo completamente los panales. Toda avispa que se acercase era vencida por las abejas, pero ninguna abeja no podía alejarse y volar, saliendo así de la piña sin correr el riesgo de ser cazada. Parece que la avispa no consigue cazar a las abejas en vuelo.

EN EL DESIERTO LÍBICO

Ya referí, la gran posibilidad de que los oasis ofrezcan a la apicultura moderna un proyecto de selección progresiva. Las autoridades egipcias son conscientes de esto, y fundaron una serie de estaciones experimentales de selección en Kharga y Dahkla– los dos grandes oasis en el sur del Desierto Líbico. Aunque se habla de estas como dos oasis diferentes, desde el nuestro punto de vista estas son dos conjuntos de una única serie de pequeños oasis. Kharga se encuentra a 145 millas de carretera hacia el sureste de Asiut, mientras Dakhla está a otras 125 millas al oeste de Kharga.

Un viaje por el desierto no es poca cosa. Hay que llevarse agua, combustible y muchas otras cosas – incluido un mecánico competente, en caso de avería. Partimos con cuatro vehículos, en un grupo de 14 personas. Entre los participantes estaba el profesor Baker, de USA, una autoridad sobre el tema de ácaros. Aprovechó esta oportunidad para incluir en su área de estudio los dos oasis mencionados.

El viaje de ida lo hicimos sin ningún problema, con muchísimas anécdotas interesantes. Alcanzamos Kharga por la noche, con una luna que estaba alta en el cielo iluminando el paisaje en el desierto. Kharga era un lugar famoso ya desde época antigua, como atestiguan las ruinas de los templos de los Asirios y Romanos. Actualmente los oasis comprenden seis pueblos y una población alrededor de 14.000 personas. Pero está en fase de actuación un ambicioso proyecto de recuperación del territorio, que pronto cambiará el estado de las cosas, haciéndolo irreconocible. El proyecto depende de la existencia y de los aprovechamientos de las enormes cantidades de agua que se encuentran debajo de los oasis, estimadas en alrededor de 470 millones de metros cúbicos. La región está prácticamente privada de lluvia, y, como de costumbre, pasan diferentes años entre una precipitación y la siguiente.

Pasamos en Kharga un día, indagando su idoneidad respecto a los fines de la selección. El Ministerio ya instaló un pequeño apiario para los test iniciales. Al día siguiente seguimos hacia Dakhla, nuestro principal objetivo. El desierto entre los dos oasis es montañoso, pedregoso, verdaderamente salvaje, y privado de cualquier floración. Todavía de repente, al lado de la carretera, en un área de pocas docenas de metros cuadrados, el agua se filtraba hacia la superficie y la Lagenaria silvestre crecían abundantemente. Nos estábamos acercando a un oasis donde la belleza de los paisajes y la riqueza de la flora y de la vegetación superaba cualquier cosa que hubiera visto hasta aquel momento en Egipto, Argelia o Marruecos. Dakhla, a causa de su posición perdida y difícil para alcanzar, hasta los recientes años estaba fuera del resto del mundo. Hicimos una parada al principio en Tenida, donde, en un cultivo de palmeras cerca del pueblo, el Ministerio poseía una de las estaciones de selección. Aquí, de repente, era posible ver una gran prosperidad. A la siguiente parada, otras quince millas más al sur, la riqueza y abundancia eran aún mayores. Esta estación tenía alrededor de 40 colonias y, aunque todas tenían una o dos alzas Langstroth, las colmenas estaban llenas de nuevos panales y miel. El apiario estaba a una milla escasa de las grandes dunas arenosas y del inmenso océano de arena. Hacía un raro efecto ver toda esta profusión de miel recién cosechada, con las colmenas llenas de abejas, de arriba a abajo, en el mes de diciembre. No conseguí ni siquiera aceptar la idea de que se había traído hasta aquí una abeja de los Alpes, a un medio tan diferente de su hábitat, algo inimaginable. Difícilmente se podría encontrar un ejemplo igual de elocuente sobre la magnífica capacidad adaptativa de la abeja cárnica – y de la abeja melífera en general.

Aquella misma noche, aunque estaba demasiado oscuro, visitamos una tercera estación, está, también de 40 colonias, con la misma abundancia y prosperidad. Nuestro jefe, el Doctor Mohammed Mahmood, había reservado la más grande sorpresa para el día siguiente, cuando nos llevó a un pequeño oasis llamado Rashida.

Esta era, sin duda, la más idílica y romántica de todas, y la abundancia y la riqueza de vegetación y de la flora eran de verdad sorprendente. La estación de selección del Ministerio estaba apartada en un pequeño enclave entre palmera datilera y naranjos, estos últimos cargados de frutas.

Tengo que **recordar** al lector que el único objetivo de construir estas estaciones de selección ha sido para garantizar un apareamiento aislado – y a esto venía el gran número de colonias. Hoy en día se ha entendido que, para obtener no solamente un apareamiento en pureza, sino también una mejora de la variedad, en cada estación de apareamiento, a la hora de proporcionar zánganos, se tiene que colocar solamente las mejores colmenas de una particular línea. Limitando el esfuerzo a una sola selección en pureza, los principales beneficios económicos de la selección están completamente perdidos.

LOS VIAJES SUPLEMENTARES

El objetivo principal de los primeros viajes ha sido estudiar las distintas razas de abeja melífera, su respectivo rayo de distribución y las características especial de cada una.

Con el paso de los años, cada raza, (con su variedad y ecotipo), ha sido estudiada en las condiciones climatológicas del Devoon meridional, para acertar en cuáles eran sus características individuales y su potencial para la selección. En el transcurrir de las investigaciones iniciales estaba necesariamente obligado a basar mis evaluaciones principales sobre las características externas y sobre el comportamiento de cada colonia individual. La comprobación de que una particular colonia no tenga por necesidad las más apreciadas disposiciones genéticas de una raza, variedad o cruce, pueden proporcionar los hechos concretos y las informaciones requeridas en proyecto de selección para que pueda tener un buen éxito.

Los conocimientos conquistados de esta forma indicaron la necesidad de una serie de viajes suplementarios, limitados a las áreas en las cuales se había, hasta aquel momento, se había encontrado las variedades más prometedoras para la selección. Además, existía la posibilidad de que en las áreas en cuestión se pudieran encontrar variedades aún más idóneas para la selección, más aún de aquellas encontradas en las exploraciones iniciales. Me refiero en particular a ciertas regiones del Asia Menor, de Grecia septentrional y del Sáhara. Los resultados obtenidos en estos viajes suplementarios confirmaron del todo las suposiciones y las expectativas de las cuales habíamos partido, y justificaron con gran margen los gastos y los esfuerzos añadidos que tuve que afrontar.

CONCLUSIONES

Con la conclusión de estos últimos viajes había llevado a término la tarea que me había asignado. Pero nuestro conocimiento de las subespecies de abejas está bien lejos del ser completado. No sabemos casi nada de las abejas melíferas de Iraq y de Afganistán, como no tenemos muchas informaciones precisas sobre las características económicas de las subespecies que se encuentran en África, a sur del Sáhara. Hasta que estas lagunas sobre nuestros conocimientos no sean adecuadamente resueltas, cualquier conjetura, por ejemplo sobre el origen de nuestras razas actuales, adolecerá creo de una sólida base. Las tres especies indianas, quizás con la excepción de Apis indica, tienen poca relevancia para las nuestras investigaciones. No hay duda de que, con el creciente interés por los aspectos fundamentales de la cultura apícola y con los progresos de la investigación sobre las abejas relacionados con la selección y a la genética, alguien, con las posibilidades y experiencias necesarias, sacará adelante el trabajo donde yo lo abandoné. En el transcurso de mis investigaciones he recorrido alrededor de 82.000 millas por carretera, 7.792 por mar y 7.460 volando.

Segunda Parte

RESULTADOS DE LAS EVALUACIONES

Evaluaciones de las razas y de los cruces

OBSERVACIONES PRELIMINARES

Los informes recientes son el balance de la primera fase de un reto de gran importancia. La segunda fase comprende el examen y las evaluaciones de cada una de las razas y de los cruces que resultan de estas.

Evaluaciones de este tipo, si se quiere que los resultados sean fiables, requieren necesariamente que los experimentos se extiendan por un periodo de algunos años, y que sean conducidos respetando precisas condiciones.

La evaluación, cuando se trata de establecer las potencialidades de una subespecie, puede ser efectuada desde tres puntos de vista:

1. Pureza.
2. Cruce.
3. Selección de nuevas combinaciones.

En el caso de plantas y animales, la mejora puede ser alcanzada, o bien a través de la selección en el interior de una línea, es decir, con la intensificación de las cualidades positivas presentes en una particular raza y la regresión de las características indeseables; o bien con el cruce selectivo y el uso de una variedad híbrida, o, por último, a través del método más avanzado de la selección combinada, la selección de una serie de cualidades positivas, derivadas de un número de razas en nuevas combinaciones estables.

El valor real de una variedad pura, formada tanto por el medio natural como con la intervención del hombre, sale a la luz solamente en la selección cruzada. Pero, en el caso de las abejas, las mejores retribuciones económicas no son alcanzadas necesariamente en el primer cruce, como normalmente ocurre en el ganado y en las plantas, sino que, muy a menudo, en el segundo cruce o los siguientes. En el tercer método de selección, que comprende el conjunto de las cualidades positivas que poseen diferentes razas, tenemos la herramienta para formar, a partir de subespecies con un exiguo o inexistente valor práctico, nuevas combinaciones permanentes de extraordinario valor económico. Este último método de selección nos da la posibilidad de utilizar el inmenso patrimonio de las cualidades apreciables que la naturaleza nos ofrece en cada subespecie geográfica de la abeja melífera.

Como podréis ver, en nuestras evaluaciones tendremos presentes todos estos puntos de vista, porque, sin duda, todos estos métodos de selección tendrán un rol importante en el futuro progreso de la apicultura. En definitiva, todos los métodos se complementan unos a otros.

Requisitos esenciales.

Como ya he comentado, para la evaluación de una raza de abeja, son necesarios unos estándares de comparación bien determinados y fiables, y esto requiere algunos requisitos esenciales:

1. Un número de colmenas considerable;
2. Una serie de apiarios externos con condiciones de flujo nectarífero diferentes;
3. Una disposición de las colmenas tal que haga posible evitar la deriva, que podría llevarnos a obtener resultados engañosos;
4. Sobre todo, es requerida una colmena con dimensiones que permitan el máximo desarrollo de una colonia, o más precisamente, una colmena que sea del todo capaz de satisfacer la máxima fertilidad de una raza. El cuadro British Standard, que mide 14 x 8,5 pulgadas y una cámara de cría que contiene diez cuadros de esta medida, utilizados hace tiempo en nuestra explotación, no son suficientemente amplios para la mayoría de las subespecies. Las prestaciones obtenidas en estas condiciones no ofrecen una base sólida y no nos aporta nada.

Las condiciones de flujo melífero en las cuales son efectuadas las evaluaciones no tienen que ser demasiado favorables, porque, aunque si una cosecha particularmente buena puede mostrar realmente las posibilidades de una raza o un cruce, éstas pueden ocultarnos al mismo tiempo debilidades hereditarias y defectos. Hago aquí referencia principalmente al problema de las enfermedades y de las disposiciones hereditarias de vulnerabilidad y resistencia. Cuanto más aumentan nuestros conocimientos sobre estos factores en la selección de las abejas, más se pone en evidencia, y con razón. Tenemos que hacer frente a los problemas que las enfermedades nos presentan, y no tiene sentido desviar la mirada de la realidad de las cosas. La incidencia de las enfermedades está enormemente influenciada por el medio. Desde este punto de vista, así como por otras consideraciones, un ambiente con grandes fluctuaciones, que pasa de estaciones extremadamente buenas a estaciones de total fracaso, ofrece resultados de base más fiables que en el caso contrario.

Cuando un cierto número de razas están sometidas contemporáneamente a un examen – y es la única manera en la que es posible tener los resultados comparativos – no mostrarán todas ellas la misma cosecha media de miel. Las subespecies que producen cosechas excepcionales durante campañas verdaderamente buenas pueden, durante una serie de años, resultar muy por debajo de los resultados medios generales. La media puede ser calculada en relación a las cifras, pero nuestras evaluaciones del valor de una raza van más allá de esto, y considera los factores que no se reflejan en la cosecha producida. En realidad, éstos no tienen nada que ver con la producción de miel, y sus diferencias no pueden ser determinadas de manera cuantitativa. Un ejemplo entre muchos sería el buen temperamento, que no puede ser estimado en cifras. De hecho, en la evaluación de una subespecie de abejas, determinar el grado de su excelencia es un gran problema, pero es posible establecer algunas normas a la hora de juzgar la calidad, como es el buen y el mal temperamento, aunque estas normas no son de carácter matemático. En cualquier caso, estas normas son determinadas por la comparación con una raza o variedad bien conocida, y este es un requisito esencial para una evaluación fiable. Nuestra variedad Buckfast satisface para nosotros este requisito de manera excelente.

Tengo aquí que subrayar una vez más que, desde el punto de vista de la apicultura comercial, la clave de comparación de esta evaluación es la máxima media de miel producida por colonia en un determinado periodo de años, con la mínima inversión de tiempo y dinero. Esto no siempre coincide con el valor para la selección de una determinada raza. Hay subespecies de abejas que, en condiciones ventajosas, producen resultados sorprendentes, pero en épocas menos propicias son un fracaso total.

Por otro lado, hay algunas que producen medias excelentes al cabo de los años, pero con una inversión de tiempo y dinero tales que no es rentable desde el punto de vista económico.

NUESTRAS CONDICIONES CLIMATOLÓGICAS Y DE FLUJO MELÍFERO

Para comprender de manera correcta las evaluaciones que hemos hecho en las diferentes razas es necesario tener presente nuestras condiciones climatológicas y de flujo de néctar. Aunque las características esenciales de una raza no varían considerablemente cuando son colocadas en diferentes contextos, sus virtudes y defectos se manifiestan de manera más marcada.

En Inglaterra suroccidental, donde nosotros desarrollamos nuestro trabajo, normalmente no tenemos inviernos fríos, ni tampoco los largos veranos estables que el continente dispone. Nuestra media de precipitaciones anual es alrededor de 65 pulgadas, comparada con las 25 pulgadas de la Inglaterra meridional al completo. Esto, además de la alta humedad que reina tanto en invierno como en verano, convierte a nuestra región en menos favorable para las abejas que las otras partes del país. Estaciones completamente desastrosas, desde el punto de vista de la cosecha, no son para nada una excepción, y largos periodos de tiempo húmedo son algo más bien común, casi todos los veranos.

El flujo de néctar principal es el del trébol blanco, el cual, a la llegada del buen tiempo, llega a la maduración entre la mitad de junio y el final de julio. La erica, *Calluna vulgaris*, nos proporciona una segunda cosecha desde la mitad de agosto hasta el comienzo de septiembre, pero para aprovecharlo las abejas tienen que ser trasladadas hasta los brezales. Recursos nectaríferos menores son el sauce en primavera, y luego el espino albar, sicomoro, frutas y zarza, aunque la única flor de los frutales que tenemos es el manzano. En otras partes de Inglaterra el pipirigallo y el trébol rojo proporcionan un recurso de néctar para notables cosechas de miel, pero en el Devon no se los encuentra.

Este tipo de clima y de condiciones de néctar requieren de una abeja que sea, sobre todo, resistente al invierno, contra el tiempo y el nosema: tiene que ser capaz de mantener durante la primavera el desarrollo, aunque haya clima adverso; tiene que tener una propensión para el ahorro, pero al mismo tiempo la capacidad de interceptar cada posible flujo con las colonias en su máximo esplendor; tiene que ser reluctante a la enjambrazón, y especialmente resistente a las enfermedades, en particular a la acariosis. La experiencia nos ha demostrado infinidad de veces que una abeja que sea vulnerable al nosema, parálisis o acariosis en nuestro territorio no puede sobrevivir. La humedad que se mete por todos los sitios y que durante todo el año reina junto a la falta de calor y de sol, requiere de una constitución sana. Ya desde el punto de vista de la selección estas circunstancias adversas tienen una gran ventaja, porque cualquier predisposición a las enfermedades o cualquier otra debilidad se manifiestan en seguida.

Resultados de nuestras evaluaciones

Apis mellifera ligústica

Se puede dudar de que la apicultura moderna hubiera hecho similares y enormes pasos adelante en los últimos cien años si no hubiese existido la abeja italiana. Esta abeja está bastante lejos de la perfección, pero está constituida de toda una serie de características preciosas, que han sido la causa de su mundial difusión, y que les garantizan una posición privilegiada de la que ninguna otra raza dispone. Tiene sus defectos, algunos de los cuales muy relevantes, que impiden que tenga una evaluación de primera de la clase absolutamente universal. Sus defectos evidentes, la base de todas sus debilidades, son la falta de vitalidad y su inclinación a transformar demasiada cantidad de reservas que produce en cría. Estas desventajas se manifiestan en sus peores formas en las variedades de esta raza, que son de un color claro. La abeja oscura color cuero, que tiene su patria en los Alpes Ligures, es indudablemente la mejor de las muchas variedades.

La italiana pura se comporta muy bien en condiciones de flujo melífero favorable, como ocurre en Norteamérica y en otros lugares del mundo, pero, en condiciones como las nuestras, generalmente se obtiene un miserable fracaso. Aquí, por lo general, necesitaría alimentarse, cuando variedades menos proclives a criar mucho pueden fácilmente salir adelante por sí mismas. Su tendencia a transformar cada gota de miel en cría, sin prever una época de carestía, en un clima constantemente mutable como el nuestro se manifiesta como uno de los rasgos más antieconómicos. Naturalmente esta desventaja puede ser aceptada cuando se tiene en cuenta el mérito de un posible flujo tardío, como pasa en nuestro caso. La experiencia ha demostrado que la prestación de esta raza en la erica calluna y en el trébol rojo es excepcional.

La falta de vigor que sufre la abeja italiana se demuestra especialmente en el desarrollo primaveral, o, más bien, la falta de este crecimiento, cuando la colonia se queda bajo un umbral mínimo de población. Aquí la primavera empieza con el solsticio de invierno, y cinco meses después pasa, sin que casi nos demos cuenta, el verano. Este último nunca llega con una explosión improvisa de floraciones, como pasa en el continente, sino que más bien avanza lentamente, de manera casi imperceptible, interrumpido por periodos de frío y de tiempo particularmente variable, condiciones que se imponen sobre la vitalidad y suponen un esfuerzo ingente para las abejas y pueden agotarlas prematuramente.

Tengo la sensación de que las reinas importadas de Italia antes de la Primera Guerra Mundial demostraron una prueba de mayor vitalidad respecto aquellas que fueron importadas después. Al mismo tiempo, parece ser que los defectos de la raza se han intensificado, a coste de sus ventajas. Hoy se pone mucho énfasis sobre el rasgo de color amarillo claro, pero todas las experiencias que he tenido con esta subespecie indican claramente que la abeja italiana color cuero, aunque menos atractiva, es, desde un punto de vista comercial, mucho mejor. Otro defecto de esta abeja es su inclinación a la deriva, provocada por un sentido de la orientación insuficiente. De hecho, no conozco otras subespecies en las que este defecto se haya desarrollado de manera tan marcada; defecto que no tiene consecuencias materiales cuando las colonias son colocadas en grupos, como hacemos nosotros, pero cuando se colocan en fila, con las entradas puestas en la misma dirección, la deriva puede llevar a importantes complicaciones. De hecho, no se puede colocar a la abeja italiana en colmenas esperando que el éxito llegue solo.

Por otro lado, la italiana posee una combinación de características de gran valor económico. El favor casi universal que esta subespecie tiene es la prueba más clara. Si es manejada con cuidado, tanto la raza pura como los cruces contestan a las necesidades de los apicultores profesionales y aficionados como ninguna otra abeja. En la selección cruzada, la italiana combina bien con la mayoría de las razas, tanto desde el punto de vista femenino como el masculino, algo de lo que pocas otras subespecies pueden presumir. En la sinterización de nuevas combinaciones, que es la selección del futuro, la abeja italiana seguramente jugará un rol esencial, debido a su compatibilidad ilimitada.

Todavía hay que considerar los siguientes puntos: la mayoría de las características positivas de la italiana se encuentran también en otras razas, y una u otra de éstas se manifiesta de manera más marcadas en otros casos; pero el valor de la italiana, desde el punto de vista económico, es la posesión de la combinación de una gran cantidad de estas características. Entre ellas podemos mencionar laboriosidad, buen temperamento, fertilidad, reluctancia a la enjambrazón, rapidez en construir panales de cera, opérculos blancos, almacenamiento de la miel lejos del nido, limpieza, resistencia a las enfermedades, preferencia al néctar de la flor respecto a la melaza, rasgo éste último que he podido observar solamente en pocas razas, pero que es un factor de gran importancia en los países en los que el color claro de la miel determina el precio. Para terminar, como ya dije, la italiana ha demostrado su habilidad para hacer buenas cosechas de miel sobre el trébol rojo.

En una característica esta abeja parece superar a todas las demás, y es en su resistencia a la acariosis. Esto fue reconocido por las autoridades inglesas hace alrededor de cincuenta años, y fue por este motivo que el gobierno basó sus esfuerzos para renovar la población apícola después de la Primera Guerra Mundial. Pero no se puede presuponer que todas las variedades italianas muestran en igual medida esta resistencia a los ácaros. Es un hecho que muchas de las variedades amarillas claras de nuestros días han perdido del todo esta calidad.

Sobre esto tengo que recordar nuestra experiencia con la variedad que ha sido desarrollada en América de la raza italiana importada desde hace muchos años. Muchas de estas pueden ser descritas como de color amarillo o dorado, y todas estas variedades amarillas que han sido probadas en nuestros apiarios se han mostrado altamente vulnerables a la acariosis. Nuestras experiencias con estas variedades se remontan al año 1.924, pero la alta vulnerabilidad que observé en aquel momento hoy no es tan marcada. Es bastante curioso que, tanto la "doradas" americanas como una variedad de abejas doradas que hemos desarrollado nosotros desde un cruce francés, manifiestan esta vulnerabilidad de manera nunca vista en ningún otro cruce o raza, con la excepción de la antigua abeja inglesa.

142

Tengo que subrayar también que la evolución de esta enfermedad, por lo menos en nuestras regiones, difiere de aquello que se manifiesta más comúnmente. Las colonias abundantemente infectadas colapsan de repente, sin preaviso, a menudo en pocos días, normalmente hacia final de julio y después de una época de mal tiempo; y esto puede ocurrir también durante un flujo melífero. Se trata de una enfermedad insidiosa, y las bajas de colonias durante el invierno y en primavera es naturalmente común.

La repoblación y el cambio hacia las italianas después de la epidemia de acariosis en Inglaterra, llevó a un aumento sin precedentes en la producción media de miel, a pesar de los defectos de esta subespecie, mencionados anteriormente. Pero no puedo imaginar que esta pueda superar el test de una colmena de abejas como las que habitualmente se utilizan en Europa central, o cuando la cosecha principal de miel es cosechada muy pronto durante la campaña, como pasa en algunas regiones o países.

Apis mellifera Cárnica

Con la excepción de algún momento puntual, en nuestros apiarios hemos tenido abejas cárnicas de forma continua, desde el comienzo del siglo. En todo este tiempo, hemos probado innumerables variedades que hemos recibido desde muchas regiones donde se encuentra esta subespecie ampliamente difundida, y especialmente de Yugoslavia y de Austria, donde se asegura que existe en su forma más pura. De hecho, no hemos ahorrado esfuerzos para obtener reinas de las aldeas más recónditas de Serbia y de Montenegro, para poder testear esta raza de la manera más completa posible. Como resultado de estos experimentos extensivos llegué a atribuir a la cárnica un gran valor, y a tener sobre ésta grandes expectativas.

En los últimos treinta años esta raza se ha difundido mucho en Europa central, donde, en términos generales, se le ha concedido una buena acogida. Ha sido considerada en muchos sitios, y en muchos aspectos de manera justificada, como "la mejor abeja". En Inglaterra, sin embargo, ha pasado al revés, y creo que hasta ahora esta abeja está presente solamente en nuestros apiarios.

Desde el punto de vista económico las características más importantes de la abeja cárnica son el buen temperamento, su extraordinaria calma durante la manipulación, la laboriosidad y el vigor, la resistencia a las enfermedades de la cría, el agudo sentido de la orientación; utiliza el propóleo en mínima cantidad y desarrolla opérculos blancos; es extraordinariamente parsimoniosa, y supera el invierno con el mínimo de las reservas. También su rápido y precoz desarrollo primaveral, por el cual junto a su limitada fertilidad esta abeja es famosa, y de gran valor solamente en determinadas condiciones. Es también muy resistente y tiene como característica una lígula muy larga.

Entre sus rasgos indeseables está la extrema tendencia a la enjambrazón y, al menos en las condiciones en que nosotros practicamos la apicultura, su vulnerabilidad al nosema, parálisis y acariosis; para terminar, como constructora de panales es indudablemente limitada.

En la cárnica tenemos, una vez más, una abeja con una larga cadena de preciosas características, asociadas a un pequeño número de otras indeseadas; pero, como a menudo pasa, estos pocos rasgos negativos ejercen una influencia dominante – demasiado predominante – sobre el valor económico de esta subespecie.

Sin duda alguna, la cárnica es la abeja ideal para las regiones donde hay un flujo precoz de flores de árboles frutales, diente de león, etc. En las regiones de este tipo su rápido y precoz desarrollo primaveral puede resultar una característica muy apreciada. Por otro lado, para conseguir recoger el principal flujo en julio, como pasa aquí, no es fácil alcanzar el necesario equilibrio armonioso entre sus dos tendencias emparejadas de desarrollo rápido y de la exagerada enjambrazón. Donde esté presente un flujo tardío, como el caso de la erica, esta es la peor de todas las razas europeas que he comprobado.

La experiencia ha demostrado que las características que acabo de describir como de valor variable tienen una gran importancia concreta por el flujo melífero al comienzo de la primavera o del verano, pero donde éste no está presente, estas características vuelven a ser una clara desventaja. Estas ventajas aparecen cuando se utiliza una amplia colmena, como la que utilizamos nosotros en Buckfast, con nuestras colmenas Dadant Modificada a 12 cuadros. Según mi experiencia, afirmo que la cárnica necesita un tamaño de nido que se acerque a la medida del British Standard con 10 cuadros, como utilizábamos nosotros hasta 1.930.

Hasta dicha época se consideraba a la cárnica como muy prolífica, pero esto resulta no ser así, según nuestros datos. Evidentemente la fertilidad es relativa a los estándares que se adoptan para evaluarla. Como se ha indicado en uno de los relatos de final de siglo, Cheshire y Cowan, pioneros de la apicultura moderna en Inglaterra, juzgaban a la cárnica comparándola con la vieja abeja indígena inglesa, y sus evaluaciones han sido aceptadas sin ulteriores verificaciones. Bien podría ser que la fertilidad media de la cárnica sea favorable en regiones donde hay un flujo de néctar precoz, pero nosotros hemos encontrado en las condiciones de flujo nectarífero presentes aquí que esto es un defecto, y, de hecho, vuelve a ser únicamente una desventaja.

Nuestra experiencia indica que una colonia de abeja cárnica raramente en una colmena Dadant modificada tiene más de 7 cuadros de cría. Además, esta abeja reacciona de manera muy sensible a los periodos de mal tiempo, y en épocas de carestía reduce o frena del todo la cría, aunque tenga presencia de reservas abundantes. Esta tendencia a pararse y a volver a empezar en el desarrollo, combinado con su limitada fecundidad, tiene consecuencias muy negativas sobre la efectiva fuerza y sobre la capacidad de cosecha de una colonia.

La apicultura moderna, por lo menos en los países de lengua inglesa, requiere ante todo una abeja que sea reluctante a la enjambrazón. Una abeja que no muestre ninguna tendencia a enjambrar sería verdaderamente un regalo natural, no solamente para los apicultores comerciales, sino también para la mayoría de los pequeños apicultores. Según nuestra experiencia, la tendencia casi incontrolable de la cárnica hacia la enjambrazón es su rasgo más antieconómico. La idea extensamente compartida de que todo lo que se necesita para frenar con éxito su inquietud de enjambrar es una gran cantidad de espacio que le ofrezca la capacidad ilimitada para dejar de construir panales libremente, nunca ha recibido la mínima respuesta en todos nuestros experimentos. En la tendencia a la enjambrazón hay diferencias en las distintas variedades, y también entre el material de selección que hemos conseguido de los lugares en los que la apicultura es limitada a las colmenas tradicionales. Pero estas últimas variedades muestran una tendencia a la enjambrazón aún más marcada.

De la misma manera, no somos todavía capaces de confirmar la idea ampliamente difundida de que la cárnica sea una activa constructora de cera, por lo menos en comparación con lo que nuestras variedades saben hacer. En nuestros apiarios, cada colonia tiene que ser capaz de estirar y completar por lo menos tres láminas de cera en el nido y prácticamente todas las láminas requeridas en las medias alzas cada año, de manera que no exista la posibilidad de no construir cera. Además, consideramos la reluctancia de la cárnica a construir panales y los irregulares resultados de sus escasos esfuerzos como una de las características más relevantes de su raza, una característica que se manifiesta sin excepción en todas sus diferentes variedades. Sin duda, es una causa que contribuye a la enjambrazón y también una clara señal de cuánto ésta está desarrollada.

Con la mayoría de las subespecies, un control de la enjambrazón es siempre posible, con el auxilio de métodos simples y bien conocidos. Además, cuando la fiebre de enjambrazón se paraliza, la actividad normal de las colonias procede como suele ser, aunque con menor intensidad. En estas circunstancias siempre hay una buena posibilidad de que la fiebre de enjambrazón disminuya y desaparezca sin necesidad de ulteriores intervenciones por parte de apicultor, y con pocas excepciones esto es lo que normalmente pasa. Pero con la cárnica, cuando empieza la enjambrazón, todas las demás actividades útiles se paran, y hasta que no se haya dado libre curso al impulso de enjambrar, o hasta que no se hayan adoptado medidas que nosotros no consideramos económicas, hay pocas esperanzas de conseguir cosechas de miel, a pesar de las mejores condiciones.

Como ya he indicado, a pesar de sus muchas cualidades excepcionales, la cárnica no es apta para las condiciones climatológicas en las que nosotros nos encontramos. Su fertilidad, muy limitada, y su excesiva tendencia a enjambrar tienen las consecuencias que podemos esperar sobre su prestación en la producción de miel. Su anormal tendencia a enjambrar por sí misma genera una pérdida de tiempo tal que, en términos de la atención que cualquier colmena requiere en una empresa moderna, no es una elección rentable. Si con el tiempo será posible seleccionar una variedad en la cual esta tendencia resulta ser reducida a lo proporcionalmente aceptable está por ver. Otro factor en contra de su uso en la apicultura moderna y comercial es la constante necesidad de alimentación durante la época de mal tiempo para mantener constante el desarrollo, algo que no es acorde a los métodos de gestión modernos.

Una de las cualidades más deseadas de esta abeja es su extrema docilidad y la total ausencia de nerviosismo. En el comportamiento representa una disposición en el extremo opuesto respecto a la abeja negra europea. Lo mismo vale para el uso del propóleo: la verdadera cárnica, en lugar de utilizar el propóleo, utiliza la cera. Desafortunadamente, esta preciosa cualidad se ha ido mayoritariamente perdiendo en las variedades actualmente en comercio, como también su predisposición a hacer opérculos blancos – que yo considero dos de las cualidades propias de esta raza.

Aunque en nuestras condiciones la abeja cárnica, desde un punto de vista estrictamente comercial, no puede competir con muchas otras subespecies, la considero absolutamente indispensable para los objetivos de los cruces selectivos. En realidad, esta es la clave que desvela para nosotros los potenciales de otras razas, especialmente aquellas del grupo oriental. Mi trabajo experimental demuestra con claridad que estas abejas, en muchos aspectos, son como un rompecabezas: desde el punto de vista de la selección, hay escondidas en esta abeja posibilidades aún desconocidas, que saldrán a la luz solamente en los cruces selectivos. Esto, naturalmente, sirve en parte para todas las subespecies; el cruce selectivo saca a la luz cualidades sorprendentes en las variedades seleccionadas en pureza.

Tengo aquí que subrayar que, en lo que refiere al mérito sobre un cruce general "de utilidad" de esta subespecie, los zánganos de la cárnica se pueden utilizar, en cualquier caso. Un cruce recíproco – reinas cárnicas apareadas con zánganos de otras subespecies – produce muy a menudo una abeja con mal temperamento, y casi invariablemente un primer cruce de escaso o ningún valor económico. La heterosis intensifica la tendencia a enjambrar en un grado superior al normal cuando la reina es cárnica, con el resultado de que en un primer cruce con ésta agota todas sus energías en el ansia de enjambrar. Además, aquí tendríamos un clásico ejemplo de cómo la heterosis no consigue influenciar la fertilidad de la raza, ya determinada, cosa que por este tipo de cruce es una desventaja económica. Sin embargo, en la sucesiva y las siguientes generaciones, hay un marcado declive de la tendencia a enjambrar, que permite el pleno desarrollo de aquellas características que influyen en la producción de miel, mientras que, al mismo tiempo, se registra una mayor fertilidad, a menudo mucho mayor que la manifestada en la variedad original de los padres.

Sería prematuro evaluar en estos momentos el valor de esta raza en la selección y en la síntesis de nuevas combinaciones. Sin embargo, hay pocas dudas sobre el hecho de que ésta está destinada a cubrir un rol primario en esta parte del trabajo, quizás más importante aún respecto al aporte de la abeja italiana.

Subvariedad de la cárnica

Sabemos que el radio de difusión de la cárnica comprende, más o menos, el sureste de Europa al completo. No es sorprendente entonces que, en esta área tan amplia, con sus variaciones de clima y de medio ambiente, esté presente un número consistente de subvariedad de esta raza. Por lo que sabemos, también la abeja itálica podría tranquilamente ser una forma amarilla de la cárnica. Pero entre las subvariedades de esta raza dos son las que me vienen a la cabeza como las primeras: la abeja del Banato y aquella que se encuentra en los Cárpatos. Hemos examinado muy en detalle a la abeja de Banato, exteriormente apenas es distinguible de la típica cárnica, aunque sí difiere de esta última por algunas características. Por ejemplo, propoliza más aún que la cárnica común, y cuando se manifiesta la fiebre de enjambrazón construye un gran número de celdas reales, cosa que la cárnica no hace. En conjunto, quizás ésta no es igualmente proclive a la enjambrazón, pero si obviamos este rasgo no posee características de valor económico que en la cárnica no estén presentes de manera desarrollada.

En lo que concierne a las abejas de los Cárpatos, no estoy aún en condiciones de ofrecer un análisis definitivo.

Apis mellifera cepropia

La abeja nativa de Grecia, sin duda, pertenece a la misma familia de la cárnica, aunque ésta sea considerada como una subespecie, en parte porque difiere de la cárnica en un determinado número de características esenciales. Pero, incluso dentro de las fronteras de la misma Grecia, se pueden encontrar diferentes variedades de la misma raza. A mi juicio, las variedades del este de los montes del Pindo, desde los Montes de Ática hasta las fronteras septentrionales del país, son las más apreciadas desde el punto de vista comercial. Por lo tanto, mis investigaciones se han limitado a estos lugares. Me parece que, considerando las condiciones climatológicas reinantes en las regiones septentrionales de Grecia, podría ponerse en duda que la descripción de "macedónica" a cerca de la abeja que vive aquí sea correcta.

Hasta el momento en el que presenté mi conferencia en el Congreso Internacional de Viena, a esta raza no dediqué ninguna consideración. En realidad, la abeja griega no tiene ninguno de los rasgos externos que atraen la atención; no tiene ni el color claro ni la uniformidad de colores, algo a lo que se da mucha importancia. Sin embargo, aunque su aspecto exterior es poco atractivo, la abeja griega, en mi opinión, difícilmente puede encontrar semejantes desde el punto de vista económico y de la selección. Me di cuenta de esto al comienzo de nuestras primeras importaciones de esta abeja en 1.952, y desde entonces mi opinión se ha reforzado.

No hay relevantes diferencias exteriores entre la griega y la cárnica, sino fuera por la tendencia en aparecer con mayor facilidad una línea de color cuero. Tampoco hay una diferencia material sobre la docilidad de las dos razas; pero, sobre la mansedumbre, la griega supera la cárnica, y sobre su reluctancia a la enjambrazón ninguna otra subespecie puede acercarse a esta. Así como pocas pueden competir con la griega sobre la efectiva fuerza de la colonia, especialmente cuando las reinas de esta raza son cruzadas con zánganos de italiana o cárnica. La fuerza de esta colonia en el campo es fenomenal. En todo caso, es la longevidad lo que es en parte responsable del vigor de la colonia. La excepcional parsimonia es otra cualidad de gran valor económico que la griega comparte con la cárnica. Aunque las reinas griegas son prolíficas, no superan a las comunes italianas. Además, esta raza, fuera de la campaña de producción, no cría en exceso. De hecho, la crianza es estrictamente restringida al término del flujo de néctar principal, y en ciertas variedades esta tendencia se manifiesta más de lo que se quisiera. A causa de la parsimonia altamente desarrollada, las colonias de abejas griegas, normalmente en las mismas condiciones, requieren menor alimentación que las italianas.

Una gran fertilidad y fuerza de las colonias, cuando no están acompañadas de la tendencia a la enjambrazón, como pasa a menudo, no son naturalmente una gran ventaja, al menos no en las condiciones en las que nosotros trabajamos. La inclinación a la enjambrazón hace inútil cualquier ventaja de una fertilidad superior a la media. Si conseguimos obtener ambas, tendríamos la base para una apicultura productiva y remunerativa. El hecho de que estas dos cualidades tan importantes en la abeja griega estén unidas hace apreciar el valor de esta raza, ya sea desde el punto de vista comercial como desde el punto de vista de la selección.

Sobre sus cualidades menos apreciadas, la griega recuerda mucho a la anatoliaca y la caucásica, especialmente en el uso excesivo de propóleo, en la construcción de los puentes de cera entre los panales, y por los opérculos acuosos y llanos. Pero estos defectos, en la griega, son muchos más evidentes, y además hay variedades en las cuales se manifiestan difícilmente. En algunos cruces estos defectos se desvanecen del todo y un poco por todos lados es posible ver un tipo de opérculo de manera sorprendentemente similar, tanto en la forma como en la perfección, como aquellos de la antigua abeja inglesa. Respecto a las enfermedades, la griega parece ser mucho menos vulnerable al nosema que la cárnica, probablemente a causa de la gran fuerza de las colonias con la cual supera el invierno y con el hecho de una menor represa primaveral en el desarrollo de la cría. Entre ellas nunca observé signo alguno de acariosis, aunque en muchas variedades se manifiesta la parálisis. Esta última sensibilidad se manifiesta sobre todo donde haya existido, de alguna manera, la endogamia. De hecho, por lo que puedo decir sobre mi experiencia con ésta, la abeja griega es más sensible a la endogamia respecto otras subespecies.

Ya recordé el gran vigor con el cual las colonias de abejas griegas superan el invierno. Aunque el desarrollo primaveral no es rápido como en el caso de la cárnica, es más que suficiente para aprovechar en pleno el flujo de néctar principal. Como dato de hecho sobre su fiable desarrollo primaveral y por su fuerza inusual, esta subespecie es particularmente apta para la polinización de la fruta y en aquellos lugares donde haya una precoz producción de miel.

Con la excepción de los opérculos blancos y, especialmente, de la falta de uso del propóleo – dos características que desafortunadamente están ausentes en las variedades actuales de cárnica - la abeja griega posee la mayoría de las cualidades más apreciables respecto a la cárnica, con el añadido de otras como fertilidad y reluctancia a la enjambrazón, rasgos que se echan mucho de menos en la cárnica.

Además, estas cualidades suplementarias pueden ser utilizadas de mejor manera en los cruces selectivos. En el caso de la abeja griega los cruces recíprocos resultan igualmente ventajosos. De hecho, como han demostrado nuestros test comparativos, un primer cruce – tanto de reina griega con zángano Buckfast y viceversa, como un segundo cruce con griega o zánganos Buckfast – produce una abeja que, desde el punto de vista técnico y práctico, difícilmente puede ser superada en su utilidad general y prestaciones. Esto vale, no solamente cuando se tiene en consideración principalmente la polinización o una cosecha precoz, sino también cuando el flujo principal procede del trébol o de un flujo tardío como la erica. Mi experiencia se ha limitado a estos cruces principales, pero no tengo dudas al afirmar que similares resultados pueden ser obtenidos con otros cruces, especialmente con zánganos de una variedad italiana donde la calidad está garantizada. La reluctancia a la enjambrazón resulta dominante hasta los primeros cruces con los zánganos de cárnica. Esta predominancia es una verdadera sorpresa, si consideramos que, en la mayoría de los cruces en todas las subespecies, la heterosis tiende a producir el resultado contrario, es decir, una extrema propensión a la enjambrazón. Buen temperamento, fertilidad, autonomía, y también, en cierta medida, parsimonia en un cruce de este tipo tiene una influencia igualmente dominante.

La abeja griega tiene por delante, desde todo punto de vista, un gran futuro. Desafortunadamente en esta subespecie, en las circunstancias actuales, no es fácil poseer variedades de selección de primera categoría. En su tierra de origen el cruce y la selección son todavía dejadas, en gran parte, a la naturaleza.

Apis mellifera adami

En mi primera visita a Grecia en 1.952 abandoné la isla con la impresión de que la abeja que la habitaba era extremadamente agresiva, y que no poseía ninguna característica que mereciese especial atención. Sin embargo, los estudios biométricos conducidos por el Prof. Ruttner sobre las muestras que había recogido, indicaron que la abeja griega constituye una subespecie distinta, dotada de una serie de características exteriores no comunes. El dio a esta raza recién descubierta el nombre de *Apis mellifera adami*.

Después de la publicación de estos resultados consideré oportuno realizar sobre esta subespecie hasta ahora desconocida unos test con nuestras condiciones climatológicas. Su inusual agresividad se demostró aún más pronunciada en nuestro contexto climático.

Además, hemos sido capaces de observar algunas características fisiológicas que habían pasado desapercibidas en las rápidas observaciones hechas en Creta. Una de estas es la predisposición a construir un enorme número de celdas reales en racimos compactos sobre la cría de las obreras, con opérculos que recuerdan de cerca a aquello de la cría de zánganos. También produce en cantidad celdas reales individuales, que se parecen, tanto en la medida como en su forma, a la de la abeja egipcia.

Las reinas nacidas de una variedad pura de Creta han sido debidamente cruzadas con nuestros zánganos. El primer cruce es generalmente más agresivo, y esto es debido a la heterosis, más presente que en las variedades originarias. Para nuestra sorpresa, en muchos casos se verificó exactamente lo contrario: el primer cruce se reveló notablemente dócil, excepcionalmente parsimonioso y sorprendentemente válido en la cosecha de miel. Una serie de test sucesivos confirmaron los resultados iniciales. Nos convencimos de que esta subespecie puede ser de gran valor en el cruce selectivo y en cualquier sitio donde se garantice un adecuado control de los zánganos. No se puede, por el contrario, aceptar en ningún caso el apareamiento casual.

Apis mellifera caucásica

No he tenido todavía la oportunidad de visitar el hábitat natural de esta abeja, pero esto no implica de ninguna manera una falta de interés por mi parte, al contario. Han pasado más de treinta años desde que importé las primeras reinas caucásicas. Venían de Norteamérica. En el mismo momento puse a prueba diferentes variedades a partir de una gran cantidad de orígenes, incluso las reinas, que provenían directamente de la tierra nativa de esta subespecie. Con estas abejas nunca he tenido grandes éxitos. Aun así, a través de algunos relatos conocidos muy fiables, pude presumir que quizá haya variedades capaces de ofrecer prestaciones excelentes, aunque a veces me pregunto si las comparaciones sobre las que los resultados de estos relatos descansan quizá no hayan sido construidas sobre bases demasiado pequeñas. De todas formas, no hay duda de que el nombre de caucásica cubre una serie amplia de variedades, con un valor económico muy desigual. Además, algunas de las variedades comerciales, claramente no representan a la verdadera caucásica.

En los rasgos exteriores, color, pelos grises y pelusa, como también la lígula larga y el buen temperamento, esta raza es muy similar a la cárnica, y en estas dos últimas cualidades es notablemente superior. Propio de la caucásica, extrema el propóleo y los puentes de cera entre los panales. Sobre estos dos rasgos, más bien indeseados, supera a cualquier otro tipo de abeja, aunque en el uso del propóleo algunos tipos se acercan bastante. Las desventajas de estos dos rasgos son intensificadas en su reciprocidad, y en la caucásica se han desarrollado de manera anómala; esto hace muy difícil su manipulación en las colmenas modernas. Así pues, en perjuicio de sus muchas cualidades, estas dos indeseadas inclinaciones han puesto en el medio serios obstáculos a una difusión más amplia de esta raza. En la caucásica, el excesivo uso del propóleo es además una característica tan desarrollada, que en la selección cruzada es transmitida de generación en generación con una intensidad que prácticamente no conoce limitaciones. Mientras la tendencia a construir puentes de cera entre los panales es bastante fácil da erradicar, la propolización es, en todo caso, transmitida como un factor dominante y puede ser eliminada solamente enfrentando infinitas dificultades.

La caucásica es universalmente considerada la más dócil de las razas, pero hay variedades que tienen un temperamento para nada bueno. Prescindiendo de este rasgo de la extrema docilidad de esta subespecie, esta abeja es conocida por su excepcional longitud de la lígula, que en cierta variedad de esta subespecie alcanza la media más alta entre todas las razas. No es difícil imaginar que la cosecha de miel de trébol rojo es directamente proporcional a la longitud de la lígula, y que las abejas con la lígula más larga son las mejores productoras de miel sobre el trébol rojo. La mayoría de las variedades italianas y cárnicas producen de esta fuente cosecha de igual nivel.

Esta raza es también el claro ejemplo de abeja que en cada estación quiere proveer a su reserva invernal, y que normalmente almacena la miel recién recogida en una especie de panal reducido. La ventaja de este último rasgo es que al final del flujo, o cuando un flujo se interrumpe imprevistamente, no te encuentras con panales llenos solo parcialmente y no operculados. Esta tendencia, que se puede observar también en la cárnica, pero de manera menos marcada, rinde una mejor calidad de la miel, especialmente en climas muy húmedos como el nuestro.

Sobre la fertilidad, no hemos descubierto hasta ahora gran diferencia entre la cárnica pura y la caucásica. Esta última reacciona a una interrupción del flujo melífero exactamente de la misma manera que la abeja cárnica, es decir, con un claro parón de cría. En nuestras condiciones climatológicas la caucásica manifestó vulnerabilidad a la acariosis y al nosema y, en general, no es una subespecie tan resistente como se esperaría de una abeja de montaña.

Aunque esta raza posea una cantidad de rasgos de valor no es propiamente apta para los fines de los cruces selectivos. Ninguno de los cruces que hemos sido capaces de testar ha resultado satisfactorio. Resumiendo: las características de la caucásica que son tan deseados para nuestros objetivos actuales pueden ser obtenidos desde otros cruces sin las desventajas que manifiesta esta raza.

Apis mellifera anatolíaca

Como queda evidenciado en los relatos de mis viajes, Asia Menor es la patria, no de una raza, sino de un cierto número de éstas, y, como es lógico esperar, en las regiones de fronteras del hábitat de estas subespecies hay una línea completa de variedad de origen intermedia. Para complicar aún más el asunto, hay reductos de una raza en medio de áreas pobladas por otras. De hecho, a menudo es difícil determinar donde se pueden encontrar los ejemplos más típicos de una de las subespecies indígenas.

La abeja oscura del norte, es decir, de las regiones al este de Sinope, encerrada entre el Mar Negro y los Montes Pónticos, difiere de manera considerable en su comportamiento y en las características económicas de la caucásica. De igual manera, la abeja de color naranja, de la región que era Armenia, difiere de la abeja Anatoliaca central, que tanto en el color como en otras características puede ser considerada como una forma fija, intermedia entre dos subespecies mencionadas anteriormente. Las abejas de Cilicia, que residen en la estrecha línea de tierra entre los Montes Tauro y el Mediterráneo, en los rasgos exteriores recuerdan a la abeja siria, pero en muchos aspectos es muy diferente de ésta. Las diferencias específicas entre las razas, tanto en el comportamiento como en los rasgos físicos, a menudo se muestran más claramente aquí que en muchos otros casos en el primer cruce, mejor que en la variedad pura.

Todas las subespecies arriba mencionadas, excluyendo la siria, de la cual dentro de las fronteras de la Turquía meridional se encuentran solamente formas intermedias, tienen determinadas características en común, aunque manifestadas de manera muy diferente a causa de los distintos hábitats en los cuales se encuentran. Todas son muy parsimoniosas, pero como se puede esperar, la cilicia es la menor de todas. Respecto al buen temperamento, la abeja del Ponto figura como la primera, mientras la cilicia se encuentra en la parte contraria de la lista, aunque haya cepas de ambas razas que puedan ser descritas como de mal temperamento o de temperamento extremadamente bueno. Todas tienen una cosa en común: son todas sensibles al frío, y esto se manifiesta, hasta que tal condición persiste, de manera particular en el mal temperamento. Esta tendencia se encuentra en todas las razas, pero nunca es tan marcada como en la variedad Anatoliaca.

En comparación con las otras subespecies, las variedades de la Anatoliaca pura tienen una fecundación por debajo de la media, con la excepción de la cilicia. Ninguna de las demás alcanza los estándares fijados de la cárnica. Contrariamente a estas, las anatoliacas, cuando son cruzadas, son prolíficas en una medida casi increíble, aunque al mismo tiempo todas, a excepción de la anatoliaca central, muestran una clara tendencia a la enjambrazón. También en el caso de las variedades puras, entre ellas hay diferencias notables. Por ejemplo, la variedad de Armenia construirá una enorme cantidad de realeras, alrededor de 200 o 300 no es una rareza, y a excepción de este increíble número, las jóvenes reinas se desarrollan de una forma perfecta, sin el mínimo signo de una mala alimentación o defectos de este género.

Ya hablé de su sensibilidad al frío, pero esta se percibe solamente en un aumento temporal de la propensión a picar, sin consecuencia en su capacidad de salir del invierno. De hecho, sobre la salida del invierno, las anatoliacas son superiores a todas las subespecies que yo conozca. La variedad armenia se coloca con facilidad como primera. En el invierno particularmente frío de 1.962- 63, que en Inglaterra suroccidental ha sido el más frío desde 1.750, hicimos pasar el invierno en las colmenas en miniatura de anatoliaca central pura sobre seis panales – 7,5 X 5,5 pulgadas – con un éxito absoluto, un reto que, dada las circunstancias, parecía casi imposible.

Antes recordé la longevidad de las reinas, una característica que sin duda tiene a su vez una influencia sobre la longevidad de la vida de las abejas, y, como consecuencia, sobre la capacidad de salir bien de la invernada y sobre la capacidad de alcanzar la máxima fuerza efectiva de la colonia. Considerando los datos sobre su fertilidad, su excepcional fuerza de las colonias sin su vitalidad y capacidad de resistencia sería inexplicable.

Otra característica considerable de este grupo de razas es su sentido de la orientación altamente desarrollado. Sin considerar la ausencia de la deriva, este rasgo se manifiesta muy evidentemente en el bajo número de bajas de reinas de vuelta de sus vuelos de fecundaciones. Durante años hemos calculado que, en nuestras variedades nos acercamos al 22%, en la cárnica alrededor de 10%, pero en la anatoliaca y en las subespecies del Medio Oriente disminuye sobre el 5%.

En la capacidad de recolectar miel de una colonia o de una raza se refleja toda una serie de características. No es solo una cuestión de recogida de la miel. En las abejas anatoliacas tenemos una combinación de factores requeridos que se encuentran en pocas otras razas. Pero entre las variedades de este grupo de razas hay todavía una considerable variación en la producción de miel, especialmente en los primeros cruces, debido en parte a la diferente tendencia a la enjambrazón. Los mejores resultados los hemos obtenido de las variedades que tienen su hábitat originario en la Anatolia central.

Sobre los factores que tienen una negativa influencia sobre la producción principal, sin considerar la tendencia a enjambrar, está la vulnerabilidad a las enfermedades. Es bastante curioso cómo el grupo de subespecies de Anatolia son particularmente impotentes frente a las parálisis. Sabemos que esta enfermedad es causada por un virus, pero esto no puede dar origen a la enfermedad si en la abeja no existe una predisposición, y que la experiencia ha demostrado que esta última es hereditaria. En nuestro medio, la parálisis se manifiesta en un determinado momento de la primavera, pero una vez que este periodo haya transcurrido, en todo el resto del año no se notan signos de esta enfermedad. En la misma Turquía no he visto nunca rastro de esta enfermedad, y hay variedades donde nunca aparece. No hace falta recordar que la parálisis ataca todas las razas de abejas, pero parece golpear de manera mucho mayor al grupo de la Anatoliaca. Afortunadamente, esta predisposición puede ser eliminada con relativa facilidad en la selección. La variedad de Armenia parece estar predispuesta a la acariosis y al nosema, pero hasta ahora nunca he encontrado otras particulares predisposiciones o resistencias a las enfermedades entre la variedad de la Anatoliaca.

Este grupo todavía sufre de otra problemática discapacidad: no es capaz de hacer madurar plenamente el néctar de la erica *Calluna vulgaris* con el resultado de que, en algunos años, la miel de erica fermenta en los panales pocos días después de haber sido operculado, y a veces antes ser operculado.

Según nuestra experiencia esta incapacidad aparece en cualquier tipo de subespecie, aunque en los grupos de la cárnica o de la intermisa en menor medida. La única excepción es que ésta se manifiesta mayormente en el grupo de la Anatoliaca, aunque haya variaciones. Una vez más, aquí también la experiencia ha demostrado que con los cruces y la selección adecuados este defecto puede ser eliminado.

Además de la vulnerabilidad frente la parálisis, el defecto que concierne a la maduración de la miel de erica, la sensibilidad al frío y la tendencia a la enjambrazón, hay que hacer mención de dos ulteriores predisposiciones indeseadas: la construcción desordenada de los puentes de cera entre los panales y el uso del propóleo. Este último rasgo, en el grupo anatolico no es pronunciado como en el caucásico. Cuando es cruzado apropiadamente, los híbridos muestran los defectos de forma mitigada, y con una adecuada selección pueden desaparecer del todo en pocas generaciones.

Una cosa está clara: es imposible encontrar una descripción que pueda corresponder adecuadamente a este grupo de razas, dado que, efectivamente, se trata de un grupo. Dando por hecho que existe una estrecha interrelación, las diferencias entre subespecies de este grupo – y con diferencias no quiero decir los rasgos exteriores sino diferencias en el comportamiento y de los rasgos fisiológicos – son muy claras y no de una importancia menor que las que pasan entre subespecies, reconocidas de manera distinta. De hecho, todavía no se ha determinado fielmente cuantas subespecies verdaderamente distintas hay entre los límites de Asia Menor.

Las abejas de Anatolia central nos han dado así los mejores resultados, y he expuesto en todos sus detalles estos resultados en el correspondiente relato de mi viaje. Esta raza se encuentra también en las regiones colindantes con Anatolia al oeste y sureste, pero las abejas tienen algunas diferencias en relación a un medio distinto. Las comparaciones que hemos hecho enseñan que estas subespecies son superiores respecto a la de la Anatolia central en ciertos aspectos, pero, en el conjunto, la Anatolia central tiene la abeja más productiva y mejor desde el punto de vista económico. Posteriores pruebas han confirmado que mi relato resume acertadamente los rasgos principales de la abeja de la Anatolia central, y no hay nada que se pueda añadir o eliminar en estas conclusiones. En este punto, existe una sola excepción, pero esto no entra en mérito de la evaluación de la raza.

Mis estudios comparativos se han limitado principalmente a los cruces con la abeja Buckfast. En aquel tiempo se pensaba que resultados similares se podrían obtener cruzando a las reinas anatoliacas con los zánganos de la cárnica. Parece que no es así. Como ya he comentado en otro contexto (y una amplia experiencia lo confirmó), un cruce con cárnica y con caucásica, en muchos casos, no produce una abeja de buen temperamento, menos aún en el primer cruce. De manera similar, un primer cruce Buckfast/anatoliaca nos da una abeja de mal temperamento, pero al mismo tiempo una abeja de extraordinaria capacidad productiva. Incluso el cruce opuesto – reina anatoliaca con zángano Buckfast – es aún más productivo. En estos dos cruces la heterosis no acentúa el empuje a la enjambrazón, y el cruce anatoliaca/Buckfast es mucho más prolífico.

Vuelvo a subrayar nuevamente que de la abeja pura anatoliaca central, como en realidad el grupo interno de razas, sería inútil esperar prestaciones de alto nivel. Las características verdaderamente apreciadas desde el punto de vista económico se manifiestan de manera amplia solamente cuando estas abejas son convenientemente cruzadas. Cuando no está presente un control de los zánganos, el apareamiento casual tiene que ser estrictamente evitado, en cuanto a que un apareamiento desventajoso puede producir una progenie de temperamento extremadamente agresivo.

Apis mellifera fasciata

En la abeja egipcia tenemos una raza de excepcional uniformidad y distinción. Desde las épocas más antiguas ésta se ha mantenido dentro de los estrechos límites del Valle del Nilo, completamente aislada del mundo exterior, circunstancia que le ha favorecido el aislamiento necesario para desarrollar una uniformidad verdaderamente notable. Desde el punto de vista económico, esta subespecie no tiene mucha importancia, pero tiene un inestimable valor para los fines del cruce selectivo.

Los esenciales aspectos de la forma exterior y las características de la abeja egipcia han sido reflejados en el relato de mi viaje a Egipto. No obstante, quisiera abstenerme en proporcionar particulares detalles sobre su reacción a nuestro clima, a nuestra particular condición, y quisiera disponer de más tiempo antes de ofrecer datos que puedan ser considerados fiables.

La abeja egipcia es, sin duda, una de las subespecies primarias de la cual se han formado las variedades de color naranja del Oriente cercano: el caso de la siria, chipriota, cilicia y, probablemente, la de armenia también. De todas formas, la influencia de la siria es claramente visible en las regiones más orientales de Asia Menor.

RESULTADOS SUPLEMENTARIOS

La abeja egipcia, hasta hace unos pocos años, era conocida como *Apis mellifera fasciata*. Pero, después de que se ha descubierto que este nombre había sido atribuido por Linneo a otro insecto, la abeja egipcia ha sido renombrada *Apis mellifera lamarkii*. Continuaré, sin embargo, utilizando la denominación precedente, por el hecho de que esta subespecie es más conocida como "fasciata". No hay ninguna posibilidad de que esto pueda crear confusión: si así pasase sería del todo justificado pasar hacia el otro nombre.

Nuestros experimentos de cruce selectivo sobre esta particular raza han revelado muchos resultados interesantes. Manteniendo el carácter de la fasciata pura, la F1 normalmente resulta de mal temperamento. Las generaciones siguientes, por otro lado, son excepcionalmente prolíficas, de buen temperamento y considerablemente mansas, incluso en la manipulación. A tal punto que las reinas de derivación egipcia, a menudo continúan poniendo huevos, aunque cuando están bajo observación – un rasgo que difícilmente se puede observar en cualquier otra subespecie resultado de un cruce. Un cruce de fasciata manifestará todavía una insuficiente capacidad de supervivencia en condiciones climatológicas que sean de verdad adversas. Esto no es sorprendente, porque su hábitat natural no está sujeto a una necesidad de este tipo, por lo que perdió la capacidad de formar la piña invernal. Pero como hemos descubierto, esta falta puede ser progresivamente eliminada en la progenie gracias a los cruces. La fasciata pura posee una característica particular verdaderamente única: que no recoge el propóleo. Si excluimos a la especie india, esta es la única raza de abeja mellifera dotada de esta característica. Este es un rasgo que nosotros apreciamos mucho, pero es también una cualidad más bien esquiva y recesiva en los muchos factores genéticos que determinan la propolización. Por otro lado, tenemos buenas razones para creer que, con el tiempo, conseguiremos aislar esta condición altamente indeseable de la abeja egipcia en una nueva combinación.

Apis mellifera syriaca

La abeja siria y la chipriota son a menudo consideradas con una única raza. En realidad, estas tienen muchas características en común, tanto buenas como malas, pero entre ellas hay diferencias muy marcadas, y cualquiera tenga una buena experiencia con estas dos subespecies puede fácilmente distinguir una de la otra. Que sean estrictamente emparentadas es más que verosímil. De hecho, tenemos buenas razones para conjeturar que la variedad chipriota y cilicia son descendencia de la siria, y que la siria, a su vez, es una forma intermedia entre estas dos subespecies y la egipcia.

La siria es una de las abejas más interesantes y atractivas. Por dimensiones y color, por su pelusa casi blanca, por su sensibilidad al frío, por su uso moderado del propóleo y por otras características, esta raza está muy cerca a la egipcia, y esto lo demuestra muy claramente, respecto a dimensiones y colores y en su sensibilidad al frío. La siria se queda entumecida a temperaturas en las que la chipriota es todavía más activa. Como nos podemos esperar, esta sensibilidad a las latitudes más nórdicas tiene una influencia negativa sobre su laboriosidad y prestaciones.

El carácter verdaderamente pésimo de la siria es, probablemente, debido en gran medida a su sensibilidad a las bajas temperaturas. Estas la ponen más irritable, dado que no es un tipo de abeja agresiva, cuando no es agredida. En realidad, esta no ataca sino es irritada con alguna molestia en su hogar – pero cuando su propensión a picar se dispara, esta abeja no tiene límites. Es muy curioso que este mal temperamento de la siria, en los cruces selectivos, sea fácilmente eliminado.

Dado que la siria no tiene fama de importancia económica en su país, tiene aún menos en los demás países. Aunque se utiliza en los cruces selectivos no veo grandes perspectivas. Las buenas características que esta raza posee se encuentran en una forma más apreciada y con mayor intensidad en la egipcia, en la chipriota o en la cilicia.

Apis mellifera cypria

Mis experiencias con la abeja de Chipre se remontan a 1920, aunque ya diez años antes en nuestro apiario había un cruce efectuado por Samuel Simmins, el cual colaboraba con F. R. Cheshire y el americano F. Benton en la importación de las primeras reinas de esta raza a Inglaterra. Pero habría que esperar hasta 1.920 para que mis reinas llegaran directamente de Chipre. Provenían del entorno de Nicosia. En 1.921 pusimos a prueba más de cien colonias guiadas por reinas de esta raza cruzada con zánganos italianos. Ocurrió que aquel año hubo una buena producción de miel, y los rasgos buenos y malos de aquellas abejas se manifestaron pronto. Desde entonces, importamos reinas desde diferentes partes de la isla, y en mayo de 1.952 tuve la oportunidad de observar a esta abeja en su hábitat natural.

En el norte de Europa, como en otros lugares, la abeja chipriota no es considerada de particular valor económico, aunque tenga buenas cualidades. La sorprendente fertilidad de la chipriota es bien conocida, pero le falta la correspondiente parsimonia y, como consecuencia, mucha más miel de la que el apicultor desearía es utilizada para criar. Su laboriosidad no tiene parangón, pero también en este caso no es apta para un flujo precoz o el que es muy tardío, porque la miel recogida al comienzo de la temporada es transformada en cría, y dado que después del flujo principal hay una gran caída en la fuerza de la colonia, los resultados en la hiedra no son nada satisfactorios. La chipriota pura no es particularmente proclive a la enjambrazón, pero independientemente de la raza con la cual es cruzada, en el primer cruce se vuelve muy propensa a esta característica. Todavía, si un cruce de chipriota se encuentra frente a un buen flujo, la fiebre de enjambrazón desaparece en una noche, y el resultado es una buena cosecha de miel.

A menudo se cree que una subespecie proveniente de un área subtropical tiene necesariamente poca resistencia. Esto sirve en algunos casos y en primer lugar para la abeja egipcia, pero su incapacidad de pasar el invierno en nuestras regiones del norte se debe a una doble falta: la deficiencia de vigor y la ausencia de la disposición a formar piñas invernales. Aunque, si es emparentada con la egipcia, la chipriota tanto pura como cruzada, es capaz de superar por resistencia y capacidad de pasar el invierno a cualquier otra variedad de abeja mellifera. En el más rígido de los inviernos y en las condiciones primaverales más adversas, como hemos experimentado en un periodo de tiempo de cincuenta años, no hemos tenido jamás una colonia de esta raza o cruce que no haya pasado el invierno con éxito o que haya fallado en el desarrollo primaveral. Esto claramente se debe a la sorprendente vitalidad de la cual esta abeja está dotada. Sin embargo, una vitalidad extrema de este tipo tiende a producir desventajas en otras direcciones.

La desventaja más determinante de esta subespecie es su comportamiento irritable. Y precisamente, dado que la mayoría de sus variedades protestan en cada interferencia, especialmente con tiempo frío y desfavorable, esto demostraría una vitalidad realmente sorprendente. Además, su propensión a picar no se limita a manifestarse en el ámbito de la molestia en proximidad del colmenar, sino que se lanza a perseguir despiadadamente al intruso por una distancia considerable. Este rasgo más bien indeseado lo comparte con la abeja siria. Todavía hay que subrayar que este aspecto del comportamiento aparece solamente en relación a la interferencia y a la molestia del apiario. En Chipre me ha pasado a menudo ver grandes filas de colmenas tradicionales en los jardines y en los corrales, rodeadas de casas, donde la gente pasaba continuamente, sin que nadie fuera molestado por las abejas. Esta es una clara indicación de que la abeja no practica el ataque espontáneo y no provocado, como sí es, por ejemplo, el rasgo característico de la abeja negra europea.

Se puede concluir, dada su capacidad de salir bien del invierno y de desarrollarse rápidamente en primavera, independientemente de las condiciones adversas, que esta raza es particularmente resistente a las enfermedades, por lo menos a aquellas que atacan a las abejas adultas. Estaríamos ante algo muy evidente: creo que desde este punto de vista nos encontramos frente a una abeja que no tiene comparación. De igual manera, no he visto nunca todavía en su cría defectos como los que aparecen en otras razas. Por el lado contrario, se muestra otro rasgo muy indeseable, pero que no tiene nada que ver con las enfermedades, y que es, de hecho, otra indicación de la extrema vitalidad de esta subespecie: el darse cuenta en poco tiempo de la desaparición de la reina al comienzo de la deposición de las obreras. Esto pasa tanto en las abejas puras como en las cruzadas, y también las sirias presentan el mismo defecto.

Hay algunas otras características de la chipriota que tienen que ser comentadas. Cuanto traté las razas del grupo caucásico y anatolio, he comentado su tendencia exasperada a construir puentes de cera entre los panales. Todas las subespecies, en distinta medida, tienden a utilizar los puentes de cera. La chipriota parece del todo carente de esta característica. La ausencia de este rasgo no influye en la cantidad de miel recogida, pero sin duda es muy ventajoso. La existencia de los puentes de cera entre los panales puede anular en gran parte las principales ventajas de las colmenas modernas, o, por lo menos, hacer de la remoción y manipulación de los cuadros una tarea muy complicada y desagradable.

La chipriota posee un sentido de la dirección y de la orientación de manera inigualable: tenemos numerosos ejemplos de esto en las pocas bajas de reinas de vuelta del vuelo de fecundación. En una ocasión, en un lote de 110 reinas vírgenes chipriotas se perdió solamente una, y en una época del año en la cual las pérdidas están generalmente por encima de la media. Un sentido del olfato altamente desarrollado es, sin duda, un requisito necesario para un sentido de la orientación por encima de la media: probablemente están indisolublemente unidos. Estos sentidos se complementan. La originaria disposición de las colmenas tradicionales de Chipre en tubos de arcilla las ves colocadas en pilas de cuatro o cinco, una encima de la otra, en montones de gran longitud, y prácticamente sin ningún tipo de signos distintivos. Una colocación de este tipo necesita un sentido de la orientación y reconocimiento infalible. Pero un sentido de localización muy agudo tiene sus desventajas: como bien es sabido, es muy difícil juntar abejas de esta raza. Nuestros experimentos han demostrado que estos rasgos no son prerrogativas solamente de las chipriotas, sino que, en igual medida, es un rasgo distintivo del grupo completo de fasciata, y por lo menos de algunas variedades de la Anatoliaca.

No hay duda de que muchos de los rasgos apreciados de la abeja chipriota aparecen de mejor forma solamente en los cruces selectivos. Los centenares, incluso los millares de años de endogamia, dentro de los límites de un número de colonias relativamente restringidas, escondió las plenas potencialidades de esta subespecie. El completo aislamiento de la isla, la endogamia que dura millares de años, las duras condiciones de vida, los escasos recursos y la despiadada selección natural han conjurado para dejarnos una abeja de estimable valor para el cruce selectivo. Pero la chipriota no es el tipo de abeja a la cual se puede recurrir para beneficio del apicultor comercial o aficionado.

Apis mellifera intermissa

La abeja telana, originaria de Túnez, Argelia y Marruecos, es otra de las subespecies primarias. Esta abeja de color negro carbón tiene mala fama, y en mi opinión no es aconsejable ni para el apicultor aficionado ni para el profesional. No obstante, aunque su valor comercial directo es muy reducido, estamos convencidos de que esta subespecie tiene que jugar un rol precioso en el cruce selectivo.

El código genético de esta abeja ofrece grandes posibilidades, para bien y para mal. Esta es bien conocida por su pésimo temperamento y por su nervioso carácter, aunque existen variedades que pueden ser manejadas sin temor. Desde mi punto de vista, sus características peores son su irrefrenable tendencia a la enjambrazón, la inclinación a criar tanto durante la temporada como fuera de ésta y la falta de parsimonia. En Inglaterra suroccidental estas tendencias se manifiestan al final de septiembre, en un momento en el cual la mayoría de las otras subespecies no tienen ninguna cría. De hecho, me he visto obligado a veces quitar a las reinas de las colonias de esta raza mientras las estábamos alimentando de cara al invierno, para impedir que todas las reservas fueran transformadas en cría. Disposiciones extravagantes como estas hacen carente de utilidad cualquier otro rasgo de relieve económico; pero su valor total se queda malgastado en enjambrazón y en injustificada presencia de cría. De hecho, con esta abeja no existen vías intermedias: es extrema en todo, y gasta sin preocupación, una hija del viento, dotada de la exuberancia primitiva que deriva de su energía y vitalidad.

Esta raza y todas sus subvariedades padecen además de una debilidad hereditaria muy marcada. En el caso de la cárnica he llamado la atención sobre su notable ausencia de los defectos hereditarios y de las enfermedades de la cría. Aquí estamos en el otro extremo, una vulnerabilidad casi extraordinaria a las enfermedades y a los defectos de la cría. Esta vulnerabilidad se manifiesta de manera muy evidente en la tierra originaria de esta subespecie, de hecho, las enfermedades de la cría constituyen el peligro principal para todos los apicultores profesionales del Norte de África. Sabemos que generalmente estos y otros defectos son el resultado de una falta de vitalidad, y la endogamia es, a menudo, el motivo de su predisposición. Pero no es esta la causa: la vulnerabilidad se debe principalmente a alguna particularidad concreta o a un defecto hereditario, como he tenido la posibilidad de verificar en más ocasiones. Sobre las enfermedades que afligen a las abejas adultas, la telana resiste bastante bien al nosema; nunca observé señales de parálisis, pero está muy expuesta a la acariosis.

Cuando expuse las subespecies del grupo de la Anatolia, hablé de la particular incapacidad de un cierto número de éstas en la recogida adecuada del néctar de la *Calluna vulgaris*, por lo menos en determinadas condiciones climatológicas. Hasta ahora nunca he visto un indicio de este defecto en la telana o en sus subvariedades.

Otra característica notable de la telana es su impulso muy desarrollado en la recogida del polen. Es muy glotona de polen, más de cualquier otra raza. Este rasgo es compartido con todas las subvariedades que tienen origen en la telana. Por otro lado, como bien es sabido, en particular las subespecies de color amarillo no recogen de la misma manera grandes cantidades de polen.

La telana no es apta para los primeros y segundos cruces que tienen que ser utilizados para la producción de miel. Su extrema vitalidad e inclinación a la enjambrazón son, en tales casos, aún más intensos por efecto de la heterosis, con el resultado de que su valor económico desaparece del todo. Esto no significa que esta raza sea inútil.

Al revés, la tarea de la selección moderna de abejas es embridar la primitiva vitalidad escondida en esta abeja e incorporarla, junto a las muchas excelentes características, en combinaciones tales que puedan servir mejor a las necesidades de la apicultura práctica.

Subvariedad de la intermissa

Como ya he indicado, no puede haber duda de que en la abeja del norte de África tenemos una raza primitiva, de la cual muchas subvariedades se han difundido a través la Península Ibérica por Europa central y Asia septentrional, y quizás hasta las lejanas orillas del Océano Pacífico. Todas las indicaciones han corroborado esta idea, y cualquiera que conozca la raza primitiva y la variedad de Europa occidental y septentrional puede fácilmente localizar las características que se manifiestan en las diferentes variedades. Es de esperar que todas estas características, tanto aquellas económicas como aquellas no económicas, en la cepa progenitora se han desarrollado al máximo grado. Por otro lado, en las subespecies de Europa occidental y septentrional encontramos una progresiva graduación. Limitaré mis contenidos hacia aquellas variedades que, en el transcurso de los años, han sido puestas en examen y por las cuales disponemos de datos comparativos.

Podría también discutir las particularidades de estas subvariedades en relación a aquellas dominantes, porque en cada caso nos ocupamos prevalentemente de las modificaciones progresivas de las características primarias; pero desde el punto de vista de la crianza práctica, será útil indicar las ventajas y desventajas particulares de cada variedad.

Apis mellifera major nova

La particular abeja localizada en las montañas del Rif, en el norte de Marruecos, es sin duda una variedad local de la *Intermissa*. Sus excepcionales características externas o morfométricas difieren respecto a la subespecie que la originó solamente en consideración de la medida, y no cualitativamente. La región en la cual se encuentra está restringida a una pequeña área en el interior del actual hábitat de la *Intermissa*. Al margen de la dimensión, la máxima conocida por su tamaño, longitud de la lígula y de las alas, basándonos en nuestras revelaciones, la abeja del Rif es idéntica a la *intermissa* en sus rasgos fisiológicos y en el comportamiento – con una posible excepción: el consumo de las reservas. Según nuestros relatos, la abeja pura del Rif y sus cruces en esta dirección manifiestan una originalidad casi increíble. En las mismas circunstancias, lugar, tiempo y condiciones climatológicas, el consumo de las colonias del Rif revela una media de 14,4 kg.; el cruce de la anatoliaca 6,75 kg. La media de todas las otras variedades y cruces no estaba nunca por encima de 9,45 kg. La abeja del Rif F1 muestra de manera marcada una particular agresividad y los rasgos indeseados de la Intermissa típica. A pesar del número de características indeseadas, la abeja del Rif está, al mismo tiempo, dotada de preciosos rasgos con intensidad que no se encuentran en ninguna otra subespecie de abeja mellifera. Esta variedad puede, junto a otras características, resultar muy valiosa en la selección.

La abeja siciliana

La abeja negra de Sicilia, conocida también con sícula, es la pariente más cercana y más similar a la telana. De hecho, entre las dos subespecies no hay diferencia notable. El aislamiento y la distancia de Sicilia, junto a las similitudes de su clima con el del Norte de África, hace inverosímil que haya marcadas diferencias de características y no indica ningún punto de particular valor.

La abeja ibérica

Por lo que concierne a las características externas, la abeja ibérica difiere muy poco de la telana, mientras que en otros aspectos hay diferencias notables. En lugar del consumo inconsciente de reservas causado por una excesiva y continua presencia de cría, o de la desmesurada tendencia a enjambrar con el correspondiente gasto inútil de energía, la abeja ibérica ha desarrollado un sentido muy definido del cuidado de la colonia. Hay todavía más vitalidad y fertilidad que en la telana, pero hay una marcada disminución de la tendencia y a criar fuera de la época, impuesta por las necesidades del medio y por cautela hacia las futuras exigencias. Como resultado de estos cambios tenemos una variedad de telana que es capaz de ofrecer prestaciones verdaderamente buenas. No obstante, continúa invariablemente el excesivo uso de propóleo, y lo mismo podemos decir sobre la propensión a picar, tanto que, si esta variedad muestra ciertas modificaciones, los rasgos distintivos de la cepa de procedencia de la zona se hacen presentes de manera más bien inequívoca.

Una de las características más desafortunadas y contraproducentes de todo este grupo de subespecie, en mi opinión, es el extremo nerviosismo y la actitud antagonista hacia la reina. Trabajando en las variedades ibéricas y sus cruces, este rasgo me ha chocado profundamente. Desde que desapareció la antigua abeja británica, hace ahora casi cincuenta años, el ahogamiento de la reina era prácticamente desconocido, pero con las colonias de origen telana es un caso casi diario, si no se hace uso de una extrema cautela en el manejo. Si antes no había dificultades en la aceptación de las reinas, ahora nos encontramos haciendo frente constantemente a la excepción de esta norma general. No es solamente cuestión de aceptar a la reina, este grupo de razas es prácticamente único es su actitud en el momento de la introducción de la reina. Por ejemplo, no es raro encontrar en los meses de junio y julio que una reina ha sido aceptada sin ser herida, pero tiene que pasar un periodo de tres o cuatro semanas antes de que puedan percibirse todas las señales de que ha sido aceptada. Solamente después podrá empezar a poner. Lo peor es que, demasiado a menudo, hay casos en los cuales las colonias de este grupo rechazan aceptar cualquier reina, y esto naturalmente significa al final la desaparición de la colonia.

Otra característica negativa de esta subespecie, que en las subvariedades es más pronunciada en la abeja francesa, y en menor medida en las otras, es la tendencia a construir un número excesivo de celdas de zánganos – un rasgo que se presenta de manera acentuada en los primeros cruces; es decir, cuando las reinas francesas son cruzadas con otras razas. Un cruce recíproco normalmente no manifiesta esta tendencia. En el precedente tipo de primer cruce, inevitablemente se estropean un alto porcentaje de láminas. Este impulso en construir cera de zánganos, aunque presente en casi todos los cruces, es muy acentuado en la variedad ibérica y francesa.

El grupo de telana al completo es, sin duda, altamente vulnerable a la acariosis. Por cuanto he podido verificar, entre todas las subvariedades, la ibérica es la que muestra este defecto de la manera más marcada, no solamente en nuestras condiciones climatológicas, sino también en su tierra de origen.

La abeja ibérica ha dado enormes pasos adelante para diferenciarse de las presentes razas, de hecho, es una variedad capaz de dar buenos resultados. Si alguien desea poseer una abeja negra oscura, podrá satisfacer sus deseos con esta abeja, que vive en España y Portugal.

La abeja francesa

Es curioso que, con una sola excepción, fuera de su país de origen, a la abeja francesa se le haya prestado poca atención. Entre las dos guerras mundiales fueron enviados a Inglaterra centenares o millares de enjambres artificiales, mientras que la importación de los paquetes de abejas continúa hasta hoy en día, aunque en menor medida respecto al pasado. En Inglaterra, la excepcional habilidad de la abeja francesa en recolectar miel es un hecho reconocido.

Alrededor de hace treinta años importé un número considerable de enjambres artificiales desde Francia del sur, y tengo una notable experiencia con las variedades locales con las que me tropecé en las diferentes partes del país. Aunque todas estas variedades locales tienen características de base común, en la manera en la que enfatizamos unas u otras de estas características podemos ver diferencias sustanciales.

Es bastante difícil tener dudas de que se trata de una subespecie única, desarrollada a partir de la abeja ibérica al comienzo de la época glacial, convirtiéndose en otra variedad del grupo de razas de la telana. En esta se ven, reflejadas como en un espejo, todas las características de la telana. Las angulosidades del carácter de la abeja norafricana están más limadas respecto a la ibérica, que es la subespecie intermedia, con la sola excepción de la tendencia a picar. Por otro lado, aparecen una serie de rasgos que son evidentes desarrollos de las potencialidades ya presentes en la primera subespecie, y de efectivo valor económico.

La espontánea agresividad y el mal humor es la única causa de su mala reputación en Inglaterra, y esto representa, sin duda, su defecto más grande. No se trata solamente de una tendencia más marcada a picar, sino de un impulso por atacar sin razón o provocación cualquier cosa que se encuentre en la cercanía del colmenar. Aunque este impulso sea una marcada característica del grupo de telana al completo, ésta alcanza su máxima, por lo que yo conozco, en las abejas de la Francia meridional. Tal vez esta extrema agresividad puede representar una verdadera amenaza.

Por otro lado, la abeja francesa dispone de una energía y una capacidad de trabajo sorprendentes. En realidad, como mis evaluaciones han confirmado siempre y repetitivamente, ésta encarna dentro del grupo de la telana la máxima capacidad de producción de miel. Su prestación en la *calluna*, especialmente en los segundos cruces, no ha sido superada por ninguna otra subespecie. La telana y su subvariedad ibérica construyen opérculos muy transparentes, sin ningún espacio entre la miel y el opérculo mismo. Esto no tiene consecuencias en la extracción de la miel, pero estropea el aspecto de la miel, vendida como trozo de panal. Entre las abejas franceses nos hemos tropezado también con cepas que hacían opérculos blancos, aunque no perfectos como lo hacía la antigua abeja originaria inglesa; blancos perlados, levantados en forma de cúpula, con el perfil de cada celda claramente visible.

Las variedades del sur de Francia son generalmente muy prolíficas con desarrollo de la cría bastante libre. En la mitad septentrional del país hay una progresiva disminución de la fertilidad y la tendencia hacia una cría más bien compacta. La tendencia a la enjambrazón es mucho más pronunciada en las variedades meridionales respecto a las del norte. Dado que las abejas no reconocen las demarcaciones impuestas por el hombre y los límites nacionales, podemos considerar solamente la variedad de una determinada localidad o región.

Como todas las variedades de la telana, la abeja francesa presenta una muy marcada vulnerabilidad hereditaria por las enfermedades de la cría. Todas las variedades de Europa occidental se ven afligidas por esta tara hereditaria, y por lo que veo, esta es una característica de las subespecies del grupo de la telana. La antigua abeja inglesa no hacía excepciones, y hasta que no estuvo presente en nuestros apiarios nunca escapó de las dos variedades de loque, cría escayolada y una cantidad de anomalías genéticas. Las reinas que deponían huevos estériles eran comunes – una tara que, por lo que sé, no se repite en ninguna otra subespecie o grupo. Es significativo que, cuando las reinas y las abejas de este grupo de razas fueron nuevamente introducidas, rápidamente volvieron a aparecer la cría escayolada y otras anomalías. Otra grave debilidad de este grupo de subespecies es la manifiesta indiferencia hacia la presencia de la polilla de la cera.

Aunque, si en el primer aspecto la abeja francesa podría parecer poco indicada para los fines del cruce selectivo, de hecho, ésta sea quizás más indicada de cualquier otra raza. Por su naturaleza está dotada de todas las ventajas de los buenos rasgos y malos también de la telana, pero no en su intratable forma original. Mis experimentos han mostrado que es fácil eliminar los peores defectos, como el mal temperamento y la tendencia a enjambrar. Aunque haya otras subespecies que tienen mayores potencialidades para alcanzar la producción más alta que la abeja francesa, esta variedad todavía posee una mezcla única de los factores económicos principales, con una intensidad que no se encuentra en ninguna otra raza o grupo de abejas. Además, esta abeja nos ofrece, en la forma más favorable para los fines de la selección, todas las posibilidades latentes que las incorporan al grupo de las razas más importantes. Está claro que no podemos ignorar las diferentes características verdaderamente indeseables, pero estas no representan obstáculos insuperables. Proporcionaré un ejemplo derivado de mi experiencia personal para mostrar las posibilidades que esta raza puede ofrecer, y los sorprendentes resultados que nos esperan en los campos del cruce selectivo y de la sintetización de nuevas combinaciones.

Como sabemos, la abeja francesa es negra o marrón oscuro, muy agresiva y proclive a picar, extremadamente nerviosa y fácil enjambradora, propoliza exageradamente y es muy vulnerable a cualquier enfermedad y anomalía de la cría conocida, como a la acariosis también. Aun así, con todas estas características negativas, en el periodo de siete años hemos sido capaces de desarrollar, de un cruce con nuestra variedad, un nuevo tipo que era de color oro oscuro, con tinta dorada mucho más bella y notable que cualquier otro tipo de abeja dorada de la que tengamos noticias. Pero el dato de mayor relieve era que prácticamente era imposible obligar esta nueva abeja a picar, y se mostrada más mansa que la más dócil de las caucásicas. Además, era muy tranquila en su movimiento, sin traicionar con la mínima señal de nerviosismo cuando era manipulada, no enjambraba y no propolizaba, era muy prolífica y excelente en las prestaciones, sin mostrar en la cría ninguna señal de anomalía. En lugar pues de una serie de características altamente indeseables, habíamos desarrollado una abeja con un set de características exactamente opuestas, y esto a este nivel no se había visto nunca antes– considerando que derivaba de una variedad que parecía, bajo todo aspecto, la menos prometedora. Desafortunadamente, esta nueva abeja tenía un gran defecto, era extremadamente vulnerable a la acariosis, un defecto que se presenta en todas las variedades francesas y que en el nuevo tipo se manifestó de manera muy acentuada.

Para los fines comerciales, la abeja francesa responde mejor cuando es cruzada con la italiana o, eventualmente, con zánganos griegos. Tenemos aquí un clásico ejemplo de un caso en el que los mejores resultados para la producción de la miel son alcanzados en el segundo cruce, especialmente con un cruce repetido con zánganos de la raza antes mencionada. Por otro lado, las reinas italianas cruzadas con zánganos franceses dan los resultados mejores al primer cruce.

La negra

Como ya he comentado, cuanto más avanzamos hacia el norte de Francia, aumenta la posibilidad de comprobar una gradual intensificación de los rasgos agresivos de las subespecies de la típica abeja francesa. En lugar de la excepcional fertilidad y de la libre modalidad de desarrollar la cría, encontramos una fuerza en la deposición de los huevos más limitada y un nido más compacto. En la negra sueca estos desarrollos están presentes de la forma más completa, con la excepción de la coloración. En la negra, el negro carbón de la telana reaparece de una forma del todo inalterada.

Sobre las cualidades que influyen directamente en la utilidad económica – fertilidad, laboriosidad, propensión a la enjambrazón, temperamento y agresividad, capacidad de salir del invierno y resistencia, capacidad de construir panales de cera, reserva de polen y miel y, sobre todo, en la ordenada organización del nido – la negra representa la clásica forma de la abeja del Centro de Europa. En esta subespecie aparecen, además, ciertas particularidades que yo no he visto de una forma tan acentuada como en otros lugares, dos características opuestas con las que Suiza ha acuñado dos palabras especiales, *"Hüngler"* y *"Brüter"*. El primer rasgo es lo que concentra su energía por completo en la cosecha de la miel cuando hay flujo, descuidando la cría; el otro, tiende a transformar toda la miel recién cosechada en cría – una característica por la cual es famosa la italiana.

Hemos sometido a esta abeja a investigaciones en profundidad, y estamos perfectamente al tanto de su valor económico y de su potencial para la selección. Desafortunadamente, en nuestras condiciones de flujo melífero, la negra muestra una tendencia a la enjambrazón irrefrenable, especialmente en los primeros cruces, con el resultado de que esta abeja se revela carente de valor económico. Intentando averiguar si su extrema tendencia a la enjambrazón sea debida exclusivamente al medio, hemos hecho ulteriores experimentos en un apiario comercial a unas 125 millas de Buckfast, pero el resultado ha sido exactamente el mismo. Las reinas híbridas de primera generación, cruzadas nuevamente con zánganos Buckfast nos han dado colonias altamente productivas con poca inclinación a la enjambrazón. Este es otro ejemplo del hecho de que no se puede dar fiabilidad al primer cruce con los efectos más favorables de la heterosis ni para la mejor prestación económica.

La antigua abeja inglesa

La referencia a la antigua abeja marrón inglesa, otra rama del grupo de las abejas telanas, ha estado muy presente en nuestros cruces. Hoy en día está viva solamente en nuestra memoria. Hace alrededor de cincuenta años fue víctima de una epidemia de acariosis y se ha extinto completamente. Me parece sin embargo apropiado referir aquí algunas de sus características excepcionales, porque, aunque hoy en día no tiene ningún valor directo, nos puede ayudar a construir una imagen de la idea que tenemos que perseguir en nuestra actividad de selección.

La abeja marrón oscura estaba en posesión de un conjunto casi extraordinario de muchas cualidades de interés económico, pero de una forma mucho más disciplinada de lo que podemos encontrar en sus parientes más cercanas, la negra y la abeja francesa. La principal diferencia entre la inglesa y las otras dos es que en la primera había una fecundidad muy limitada. El área máxima de la cría de una colonia de esta subespecie raramente superaba los ocho cuadros de dimensión British Standard, unas 14x8,5 pulgadas. Las desventajas de una fecundidad así de baja eran, en gran parte, equilibradas con la longevidad, potencia de las alas y laboriosidad verdaderamente inusuales. Se había adaptado bien de esta manera a las condiciones climatológicas que reinan en las islas británicas, y se había ganado la supervivencia con una asistencia reducida al mínimo. Aunque no proporcionaba las cosechas de hoy en día, era una abeja que desde el punto de vista práctico no requería alimentación suplementaria y salía adelante por sí misma. Estos rasgos de extrema parsimonia, de capacidad de salir adelante sola, longeva, resistente, con potencia alar y laboriosidad, unos rasgos muy marcados en la abeja británica, bien difícilmente se pueden encontrar reunidos, con la misma intensidad, en cualquier otra raza.

He recordado la potencia alar extraordinaria de esta abeja. No se trata de una referencia que simplemente hayamos escuchado, sino que puedo garantizarlo por experiencia propia. Antes de 1.916 existía una cosecha de miel de erica sin tener que trasladar a las abejas a los brezales; con la extinción de la abeja inglesa esto no ha vuelto a pasar. En 1.915, por poner un ejemplo, las abejas de nuestro apiario central hicieron una producción media de erica de casi 50 kg. por colonia, considerando las reservas invernales. La erica más próxima estaba alrededor de 2 millas y ¾ y a una altura de 1.200 pies más o menos. Se puede entonces calcular que las abejas tenían que volar alrededor de otra milla más o dos hacia los brezales, con una distancia comprendida no inferior a 3,5 millas. La experiencia ha demostrado que esta excepcional potencia alar es una característica del grupo de la telana.

La abeja inglesa tenía otras dos cualidades que centraron mi atención, considerándola un concepto de esta abeja: sus opérculos inigualables y su capacidad de construir panela de cera. Ya hablé en detalle de sus opérculos, y no menos considerable es su habilidad para construir panales de cera. Era casi alucinante observar la velocidad con la cual esta abeja, aunque fuera con el más mísero de los flujos de néctar, construía cera y desarrollaba láminas de cera con un grado de perfección que raramente se podría observar en otros lugares. De hecho, en relación a estos dos rasgos, no hay otra variedad o subespecie que pueda superarla. Nosotros hemos tenido la suerte de conseguir retener el segundo de estos rasgos en nuestra variedad, aunque no con el mismo grado de perfección.

Como es bien conocido, la antigua abeja inglesa sufría de un grave defecto que al final le resultó mortal, su extrema vulnerabilidad a la acariosis. El resultado fue que, en solo doce años, toda la subespecie quedó exterminada por esta enfermedad. Durante muchos años se alimentó la esperanza de que quizás algunas pocas colonias pudieran sobrevivir en algún remoto rincón, como en las islas Hébridas más lejanas, pero todos los esfuerzos en localizarla han sido inútiles.

Desde el punto de vista inmediatamente económico la pérdida de esta raza no fue irreparable, aunque en este punto hay grandes diferencias de opinión. Pero una cosa es cierta, la pérdida fue irreparable desde el punto de vista de las posibilidades latentes de esta raza y de su explotación en el cruce selectivo y para el desarrollo de nuevas combinaciones. Nuestra variedad es un buen ejemplo de aquello que se habría podido hacer aquí, dado que se trata de un cruce entre italianas que vinieron importadas hace cincuenta años y los zánganos de la antigua inglesa.

La abeja del brezo

Esta abeja, conocida en Inglaterra como la "abeja holandesa", es un desarrollo posterior, o, como sería más oportuno decir, una vuelta a la variedad originaria de este tipo de grupo de razas. La abeja de los brezales es comúnmente considerada como una subespecie especial principalmente por su extrema propensión a la enjambrazón. Esta propensión ha sido incentivada durante muchos años por los apicultores profesionales de Lüneburger Heide (amplio brezal del norte de Alemania) los cuales, con la ayuda de una gestión altamente especializada, han impulsado y transformado esta propensión a la enjambrazón para obtener la máxima ventaja posible sobre el flujo de erica en agosto, que representa su principal cosecha. La extraordinaria vitalidad e inclinación a la enjambrazón, junto a todas las otras características de la abeja de erica, derriban la heredabilidad de la abeja telana. La abeja de los brezales no está muy difundida fuera de Lüneburger Heide o hacia la parte holandesa pegada a esta, y no puede contar con un gran valor económico donde no haya un flujo muy tardío y una correspondiente manera de practicar la apicultura.

Esta abeja todavía ha tendido un rol importante en la repoblación de nuestro país después de la epidemia de la acariosis. En los años después la Primera Guerra Mundial, un gran número de colonias fueron importadas de Holanda para este fin, dentro de colmenas de cestas por el Ministerio de Agricultura. Su extrema propensión a la enjambrazón en este caso prestó un gran servicio. Pero a excepción de las ventajas en las circunstancias recién comentadas, no se ha encontrado en esta raza un gran favor.

Subvariedad de Europa septentrional y de Asia septentrional

El grupo de las razas telanas, como ya he comentado, está presente por toda Europa nororiental hasta toda la mitad septentrional de Asia. Dentro de los límites de esta tierra de enorme tamaño, con toda su variación y sucesión de estepas y bosques cerrados, y sus temperaturas extremadamente calientes y frías, tiene que haber un número infinito de subvariedades de la abeja telana, dotadas en primer lugar de las capacidades de resistencia al frío excepcional y a momentos muy largos de reclusión durante el invierno. Desafortunadamente, sobre estos aspectos no tenemos informaciones de primera mano, y sin duda nos esperan muchas sorpresas, que requerirían búsquedas e investigaciones de gran espectro.

La abeja finnica

Se sostiene que, en el extremo norte, al sur del Círculo Polar Ártico, entre el océano Atlántico y el Pacífico, se puede encontrar variedades de abejas capaces de resistir en condiciones invernales extremas, cerradas y en posiciones verticales durante muchos meses, sin la posibilidad de hacer un vuelo de limpieza. La capacidad de tolerar temperaturas extremadamente bajas es, quizás, menos importante que la de resistir por mucho tiempo en reclusión sin un vuelo de limpieza. Esta capacidad, a su vez, presupone un conjunto de otros rasgos particulares. Un alto grado de longevidad, una fuerte predisposición a quedarse tranquila, de sobrevivir con una cantidad de alimento mínimo, que comprende la capacidad de sobrevivir con reservas de calidad, son todos claramente factores que aportan su contribución. Al mismo tiempo, los cortos veranos, limitados a unos pocos meses, presuponen de manera análoga la capacidad de desarrollar rápidamente la colonia y una correspondiente tendencia a la enjambrazón, para reparar las inevitables bajas invernales. De todas formas, una colonia que no se encuentra en otoño en las mejores condiciones posibles, en el rígido clima del Ártico no tendría la posibilidad de sobrevivir. La selección natural, con la eliminación del menos apto, asegura una progresiva intensificación y preservación de las cualidades necesarias para sobrevivir, requeridas sin alguna indulgencia y de manera brutal.

Al comienzo de nuestros experimentos de cruce selectivo, éramos del todo consciente de las dificultades que habríamos encontrado para aislar la cualidad que nuestros experimentos habían hecho salir a la luz. La abeja *finnica* es parte de una rama lejana de la intermissa. Lo mismo podemos decir de la variedad sueca. Como temíamos, todos los rasgos indeseados de la intermissa salieron a la superficie de manera más intensa respecto al prototipo, a causa de la incesante lucha por la supervivencia en las condiciones climatológicas más adversas.

Realizamos los primeros cruces en 1.968, pero el éxito completo a la hora de sintetizar una nueva combinación que incorpora las cualidades particularmente deseadas de la abeja finlandesa, hasta hoy día, ha sido inalcanzado.

Apis Mellifera Sahariensis

Hemos llegado a término con una subespecie verdaderamente interesante, no solamente desde el punto de vista de sus orígenes, sino también económico y de las posibilidades de la selección. Hace solamente pocos años la existencia de esta misma subespecie era puesta en discusión, mientras que los orígenes y la descendencia de la abeja del Sáhara se quedarían quizás en un misterio. De hecho, esta, por muchos aspectos, difiere de cualquier otro tipo de raza mellifera, mientras que, por sus rasgos exteriores característicos y por su comportamiento general, se acerca muchísimo a la abeja india (*Apis indica*).

Nuestros test han mostrado que la sahariana pura no es particularmente prolífica. En su comportamiento se revela rápida y nerviosa, pero contrariamente a su carácter nervioso, no la describiría como dotada de un mal temperamento. No obstante, si es cruzada de inoportuna manera, puede resultar verdaderamente agresiva. Su capacidad de recolectar miel empujó a algunos a pensar que tenía una lígula particularmente larga, pero esto resultó ser falso. Tiene una gran fuerza alar y una insólita laboriosidad para recolectar y guardar las reservas, junto a una considerable resistencia y la capacidad de salir del invierno en nuestras latitudes nórdicas. Pero durante el invierno tiene la tendencia a salir en vuelo, cuando las condiciones atmosféricas no son favorables, con consecuentes pérdidas de abejas. Los opérculos de esta abeja van de gris hacia el gris oscuro; construye puentes de cera entre los panales y hace uso de propóleo, pero con moderación.

Por lo que yo conseguí comprobar, la abeja sahariana pura no tiene un real valor económico, por lo menos en los climas templados. Cuando es cruzada de manera inoportuna, suscita grandes expectativas. El simple cruce casual en este caso está excluido por completo. Un primer cruce de reina sahariana con zánganos Buckfast ha dado resultados verdaderamente satisfactorios por sus prestaciones. Las temporadas de 1.963 y de 1.965 han sido un total fracaso, y el tiempo era tan malo que esos dos años no intentamos llevar las colmenas a los brezales, las únicas veces que esto ha pasado desde 1.924. Ese fue un buen año de media, con una producción de 81,5 libras por colonias.

El primer cruce de la sahariana dio una media de 231 libras. Las reservas invernales remontaron a 23,75 libras por colonia, es decir, solo 3,75 libras menos que la media general. Esta prestación más bien excepcional sucedió gracias a la fenomenal fuerza de las colonias, en parte a la vitalidad, longevidad, potencia alar y a la laboriosidad de este primer cruce. La fuerza de la colonia alcanzó tal pico que muchas de las colmenas de tipo común que teníamos en uso resultaron del todo ineficaces.

Los detalles sobre la fertilidad, un nido compacto, crianza de zánganos y ausencia de cualquier tendencia a la enjambrazón, que han sido ilustrados en el relato de mi viaje al Sahara, fueron confirmados por las experiencias sucesivas. Al mismo tiempo he encontrado una ulterior característica digna de nota, una capacidad extrema de construir panales que, naturalmente, está correlacionada esencialmente con una capacidad de recolección de miel y a la ausencia de enjambrazón. Además de esto, no solo han estirado las láminas con sorprendente rapidez, sino que los mismos cuadros estirados no tienen defecto alguno, un número de celdas de zánganos verdaderamente mínimo.

Desafortunadamente, la sahariana sufre de defectos bastante graves: es muy vulnerable a la parálisis, y parece incapaz de almacenar la miel de erica de forma oportuna. Este último defecto no se manifiesta en toda colonia, tanto es así que es posible imaginar que, con una selección apropiada, estos rasgos negativos podrían ser eliminados. De hecho, los sucesivos resultados de la selección han confirmado fielmente esta hipótesis.

CONSIDERACIONES SUPLEMENTARIAS

Los siguientes test realizados sobre las variedades de los diferentes oasis, han mostrado que no hay ninguna diferencia de relieve entre las características de las abejas de un oasis y otro, tan solo las pequeñas particularidades que aparecen en cada raza. De hecho, la sahariana se distingue por su gran uniformidad, como la subespecie egipcia y la chipriota. Las particularidades indicadas en la sección precedente de este volumen conservan su valor, independientemente de algunas excepciones. En las variedades recientemente adquiridas no se ha vuelto a manifestar una vulnerabilidad a la parálisis. No obstante, algunas han mostrado una mayor agresividad – esta también es una variación que se verifica en cada subespecie, hasta en los casos de aquellas que se consideran particularmente dóciles. Como ya he indicado, en su hábitat natural podíamos alejar a las abejas de las colmenas sin ninguna particular protección. Sobre su fertilidad, si se hubiera dado algún cambio, los sucesivos resultados obtenidos resultaban incluso mejores que en nuestros originales test comparativos. No hay duda de que un cruce de sahariensis, si el cruce se realizó con pericia, alcanzará una fuerza de colonia superior a cualquier otra subespecie o cruce. Pero es indispensable que el apicultor que quiera obtener el mejor resultado de un cruce de este tipo utilice una cámara de cría de adecuada capacidad y el necesario espacio extra en la media alza. Los cruces apropiados apareados son, además, de enorme importancia. En esa labor, para asegurar un apareamiento selectivo, no existe la posibilidad de controlar a los zánganos, con esta abeja no se tendría que hacer ningún experimento. Nuestra experiencia ha demostrado que el verdadero valor de la sahariana reside en sus potencialidades para la selección.

El origen de esta raza presentó un enigma más bien irresoluble durante mucho tiempo. Las medidas biométricas del profesor Ruttner han demostrado que es una lejana subvariedad de *Apis mellifera adansonii*. El hecho de que gran parte del Sáhara una vez, durante la época glacial, estuviese recubierta de vegetación avala esta hipótesis. Nuestras observaciones sobre las características fisiológicas y el comportamiento general de la sahariensis confirman las conclusiones sacadas de las medidas biométricas. El origen misterioso de *Apis mellifera sahariensis* puede considerarse desvelado.

CONCLUSIONES

Con estos viajes de búsqueda, con la evaluación de las diferentes razas y el examen de los cruces experimentales, hemos dado los primeros pasos de un proyecto cuyo objetivo es utilizar las posibilidades que la naturaleza nos pone a disposición en las diferentes subespecies de abejas. La realización de estas posibilidades, con la ayuda de las más modernas herramientas de selección, nos permitirá poner a disposición a los apicultores las ventajas que la apicultura más actualizada requiere con exigencia.

Como podemos ver, con los medios a su disposición, la naturaleza ciertamente no ha producido la abeja "perfecta" o "ideal", y menos aún una raza de abeja que conteste a todos los deseos y necesidades de la apicultura moderna. Los resultados de las evaluaciones de las diferentes subespecies aclaran una cosa: cada subespecie tiene sus ventajas y sus defectos, sus características buenas y malas, vinculadas entre ellas y acentuadas de distinta manera, determinadas arbitrariamente según el caso y el medio que las rodea. Simplemente, cada raza comprende un cierto número de variedades buenas y otro sin valor ninguno; la mayoría, con gran diferencia, es de esta última categoría.

Los experimentos de selección hasta el momento actual han sido limitados por el aumento e intensificación de la uniformidad de particulares subespecies, pero estas no serán nunca aptas para satisfacer las necesidades del futuro.

Seguramente, los esfuerzos realizados son de innegable valor económico, pero al mismo tiempo las posibilidades son claramente limitadas. La endogamia produce en la abeja un grave deterioro de la vitalidad, que provoca problemas insuperables en diferentes direcciones.

La sistematización de nuevas combinaciones a través del cruce selectivo es, ciertamente, solo el tipo de selección digno de este nombre. Solamente ésta nos permite reactivar todas las potencialidades que están presentes de manera latente. Porque solamente ésta tiene la fuerza de unir todas las diferentes razas y variedades con sus cualidades deseadas desde el punto de vista económico, de combinar estas cualidades en un nuevo tipo de abeja, y, al mismo tiempo, eliminar los rasgos desventajosos, produciendo así una abeja que conteste completamente a todas las necesidades de la apicultura moderna.

www.ingramcontent.com/pod-product-compliance
Lightning Source LLC
Chambersburg PA
CBHW061226270326
41928CB00024B/3343